Djibril Sané

La culture du palmier dattier (Phoenix dactylifera L.) au Sahel

Djibril Sané

La culture du palmier dattier (Phoenix dactylifera L.) au Sahel

Approche méthodologique pour la multiplication par embryogenèse somatique des cultivars d'intérêt

Presses Académiques Francophones

Impressum / Mentions légales
Bibliografische Information der Deutschen Nationalbibliothek: Die Deutsche Nationalbibliothek verzeichnet diese Publikation in der Deutschen Nationalbibliografie; detaillierte bibliografische Daten sind im Internet über http://dnb.d-nb.de abrufbar.
Alle in diesem Buch genannten Marken und Produktnamen unterliegen warenzeichen-, marken- oder patentrechtlichem Schutz bzw. sind Warenzeichen oder eingetragene Warenzeichen der jeweiligen Inhaber. Die Wiedergabe von Marken, Produktnamen, Gebrauchsnamen, Handelsnamen, Warenbezeichnungen u.s.w. in diesem Werk berechtigt auch ohne besondere Kennzeichnung nicht zu der Annahme, dass solche Namen im Sinne der Warenzeichen- und Markenschutzgesetzgebung als frei zu betrachten wären und daher von jedermann benutzt werden dürften.

Information bibliographique publiée par la Deutsche Nationalbibliothek: La Deutsche Nationalbibliothek inscrit cette publication à la Deutsche Nationalbibliografie; des données bibliographiques détaillées sont disponibles sur internet à l'adresse http://dnb.d-nb.de.
Toutes marques et noms de produits mentionnés dans ce livre demeurent sous la protection des marques, des marques déposées et des brevets, et sont des marques ou des marques déposées de leurs détenteurs respectifs. L'utilisation des marques, noms de produits, noms communs, noms commerciaux, descriptions de produits, etc, même sans qu'ils soient mentionnés de façon particulière dans ce livre ne signifie en aucune façon que ces noms peuvent être utilisés sans restriction à l'égard de la législation pour la protection des marques et des marques déposées et pourraient donc être utilisés par quiconque.

Coverbild / Photo de couverture: www.ingimage.com

Verlag / Editeur:
Presses Académiques Francophones
ist ein Imprint der / est une marque déposée de
OmniScriptum GmbH & Co. KG
Heinrich-Böcking-Str. 6-8, 66121 Saarbrücken, Deutschland / Allemagne
Email: info@presses-academiques.com

Herstellung: siehe letzte Seite /
Impression: voir la dernière page
ISBN: 978-3-8416-2206-8

Copyright / Droit d'auteur © 2013 OmniScriptum GmbH & Co. KG
Alle Rechte vorbehalten. / Tous droits réservés. Saarbrücken 2013

INDEX DES SIGLES ET ABREVIATIONS

ABRE	ABA Responsive Element
2,4-D	Acide 2,4-Dichlorophénoxyacétique
ABA	Acide abscissique
ADN	Acide désoxyribonucléique
ADNc	ADN complémentaire
AIA	Acide β indol acétique
ANA	Acide Naphtalène-1-acétique
APS	Acide Périodique Schiff
ARN	Acide ribonucléique
AREB	ABA Responsive Element Binding Protein
AUF	Agence Universitaire de la Francophonie
BAP	6-Benzyl amino-purine
BBM	Baby boom
BEPC	Biologie du Développement des Espèces Pérennes Cultivées
BET	Bromure d'éthidium
CERD	Centre d'Etude et de Recherche de Djibouti
CIRAD	Centre de Coopération Internationale en Recherche Agronomique
CPR	Cystéine protéinase
DRE	Dehydration Responsive Element
DREB	DRE Binding Protein
DSF	Département Soutien et Formation à la Communauté Scientifique du Sud
EM	Early methionine labelled
EmBP	Em Binding Protein
EDTA	Acide éthylène diamine tétracétique
EST	Expressed Sequence Tag
FAO	Organisation mondiale pour l'Alimentation et l'Agriculture
FIS	Fondation Internationale pour la Science
HPLC	High Performance Liquid Chromatography
IP	Iodure de propidium
INSERM	Institut National de la Santé et de la Recherche Médicale
IRD	Institut de Recherche pour le Développement
JAP	Jour après pollination
Kb	Kilo base
kD	KiloDalton
LEA	Late Embryogenesis Abundant
NBB	Naphthol Blue Black
PCR	Polymerisation Chain Reaction
PEG	PolyEthylène Glycol
PKL	Pickle
Pg	Picogramme
pI	Point isoélectrique
rpm	rotation par minute
RT	Reverse Transcription
qADN	Quantité d'ADN nucléaire
UCAD	Université Cheikh Anta DIOP de Dakar
UMR	Unité Mixte de Recherche
UR	Unité de Recherche
VP1	Viviparous-1

DEDICACE

Je dédie ce livre :

A mon père, Seydou SANE, in memoriam ;
A ma mère, Fatou DIEME, dite Mouskoye, in memoriam ;
A mon grand frère, Mohamed SANE, in mémoriam
A mon épouse, Ndèye Marième DIEDHIOU SANE
A mes enfants, Mame Aminata Constance, Mame Léna et Mame Bineta.

REMERCIEMENTS

Les travaux rapportés dans cet ouvrage ont été réalisés au laboratoire Campus de Biotechnologies Végétales du Département de Biologie Végétale de la Faculté des Sciences et Techniques de l'UCAD, au laboratoire GeneTrop de l'IRD de Montpellier et au laboratoire de cytofluorimétrie de l'Unité 291 de l'INSERM de Montpellier.

Mes remerciements s'adressent à Monsieur Amadou Tidiane BA, Ministre de l'Enseignement supérieur, de la Recherche Scientifique et des Centres Universitaires Régionaux, Professeur Titulaire au Département de Biologie Végétale de l'UCAD, Recteur de l'Université de Ziguinchor, dont les conseils et suggestions dans la conduite de ces travaux ainsi que le soutien dans mes différentes démarches ne m'ont jamais fait défaut.

Je suis reconnaissant et exprime toute ma gratitude envers Madame Yaye Kène GASSAMA-DIA, Ministre de la Recherche Scientifique et Technique, Professeur Titulaire au Département de Biologie Végétale pour m'avoir confié ce travail de recherche sur le palmier dattier.

Je remercie infiniment et exprime toute ma reconnaissance à Monsieur Alain BORGEL, Chargé de Recherche à l'IRD, Directeur du centre IRD de la Réunion pour avoir été mon précieux guide tout au long de ces années de recherche. Pour avoir été le maître d'œuvre de ce travail, j'ose espérer que les résultats auxquels nous avons abouti combleront en partie ses espérances.

Je suis reconnaissant et exprime également toute ma gratitude à Madame Frédérique ABERLENC-BERTOSSI, Chercheur au laboratoire GeneTrop de l'IRD de Montpellier. J'ai été particulièrement honoré de l'intérêt qu'elle a porté, durant toutes ces années, à notre sujet de recherche. C'est sous ses conseils et son appui que l'étude des étapes tardives de l'embryogenèse du dattier a pu être réalisée. Ses critiques constructives et ses suggestions ont grandement contribué à l'aboutissement de ce travail.

Mes remerciements vont également à Monsieur Kandioura NOBA, Maître de Conférences et Chef du Département de Biologie Végétale de la Faculté des Sciences et Techniques de l'UCAD pour ses conseils et son soutien dans nos différentes démarches administratives.

J'adresse ma profonde reconnaissance à Messieurs Ibrahima NDOYE, Professeur titulaire au Département de Biologie Végétale et Papa Ibra SAMB, Professeur titulaire, Recteur de l'Université de Thiès pour l'intérêt qu'ils ont porté à ce travail et pour les conseils et suggestions qu'ils nous ont prodigués.

Que Monsieur Jacques BOCCON-JIBOD, Professeur à l'Institut National d'Horticulture d'Angers trouve ici l'expression de mes sincères remerciements pour son soutien et ses encouragements qui ont grandement contribués à l'aboutissement de ce travail.

J'adresse également toute ma reconnaissance à Monsieur le Pr. Abdou Salam SALL, Recteur de l'UCAD et à Monsieur Matar SECK, Doyen de la Faculté des Sciences et Techniques pour l'appui qu'ils ont apporté à ce travail.

Dans ce même registre, je remercie infiniment Monsieur Christian COLLIN, Directeur de l'IRD au Sénégal pour l'intérêt qu'il a porté au programme palmier dattier et le soutien qu'il n'a cessé d'apporter à notre Jeune Equipe Associée à l'IRD.

Je confonds également dans ces remerciements Messieurs Yves DUVAL, James TREGEAR et Jean-Luc VERDEIL pour l'intérêt qu'ils ont porté à ce travail et le soutien qu'ils ont apporté au programme dattier. J'y associe également tous les membres de l'équipe « Embryogenèse somatique des Arécacées », Sylvie DOULBEAU pour l'analyse des sucres au Dionex, Frédérique RICHAUD, Thierry BEULE, Pascal ILBERT, Fabienne MORCILLO, Tim TRANBARGER, Stéfan JOUANNIC, Isabelle HERAULT et Maryse SOPHY pour leur collaboration durant toutes ces années.

Merci à Messieurs Serge HAMON, Didier BOGUZ, Laurent LAPLAZE, et à Mesdames Claudine FRANCHE, Valérie HOCHER, Florence AUGUY et Valérie ROTIVAL pour leur soutien constant toutes ces années durant.

Mes remerciements s'adressent également aux collègues et amis du CERD de Djibouti, Messieurs Nabil MOHAMED et Abdourahman DAHER pour leur soutien et l'intérêt qu'ils ont porté à ce travail. J'ose espérer que les résultats obtenus combleront en partie leur espérance et contribueront à l'avancement de leur programme national de recherche sur le palmier dattier.

A toute l'équipe du Réseau « AUF-Dattier » et aux collègues algériens, Nadia BOUGUEDOURA et Djamila CHABANE et mauritaniens, Zeine OULD BOUNA, Mohamed OULD KNEYTA et Saleck OULD H'MEIDA, j'adresse un grand merci. J'espère que ces résultats seront utiles à leur programme de recherche sur le dattier.

Mes vifs remerciements s'adressent à Monsieur Maurice SAGNA qui, toutes ces années durant, a été la cheville ouvrière de ce travail.

Je remercie Monsieur Massaer NGUER, Chercheur à l'ISRA, coordonnateur national du programme palmier dattier pour son soutien et l'intérêt qu'il a porté à ce travail.

Je ne saurais passer outre l'appui financier et matériel du DSF-IRD, de la FIS, de l'AUF, du BRG et de la FAO qui ont été déterminant à l'aboutissement de ce travail.

Je tiens à remercier tous mes collègues du Département de Biologie Végétale, particulièrement Madame Mame Ourèye SY, Messieurs Diaga DIOUF, Ndiaga DIAGNE, Diégane DIOUF, Aboubacry KANE, Samba Ndao SYLLA, Léonard Elie AKPO, Aliou GUISSE, Tahir DIOP, Mamadou COUNDOUL, Moussa SIDIBE, Mamour SECK, de même que Pape Madialaké

DIEDHIOU et Khadidiatou NDOYE-NDIR, pour leurs soutien et encouragement toutes ces années durant.

Mes remerciements vont aussi envers mes jeunes collègues, Badara GUEYE, Amadou Lamine NDOYE, Léopold DIATTA, Sékouna DIATTA, François Abaye BADIANE, Amy BODIAN, Dame NIANG, Aliou NDIAYE, Nalla MBAYE, Mahamadou THIAM, Mame Abdon Nahr SAMBE pour leur sollicitude et leur amitié.

Je ne saurais terminer sans adresser mes vifs remerciements à l'ensemble du personnel administratif et technique du Département de Biologie Végétale et de la Faculté des Sciences et Techniques pour leur aide à la fois efficace et précieuse.

INTRODUCTION GENERALE

Le palmier dattier (*Phœnix dactylifera* L.) est une espèce qui est cultivée dans les zones arides et semi-arides chaudes d'Asie et d'Afrique mais aussi en Australie, dans quelques pays d'Amérique où il a été introduit au 18ème siècle, et dans les régions d'Europe méditerranéenne. Sa croissance et la production de dattes nécessitent une forte luminosité ainsi que des températures contrastées dont le maximum est supérieur à 30°C. Le dattier peut résister à des périodes de sécheresse prolongées, mais a cependant des exigences en eau pour la fructification. Cette espèce est par excellence l'arbre fruitier du désert où il joue un rôle économique grâce à la production de dattes, écologique puisqu'il confère sa structure aux oasis et social car il stabilise les populations humaines (Munier, 1973).

Cependant, plusieurs contraintes limitent l'extension de la culture du dattier. En Afrique du Nord, particulièrement au Maroc et en Algérie, il s'agit principalement de la maladie du Bayoud, fusariose causée par le champignon *Fusarium oxysporum sp. albedinis*, qui, depuis plusieurs décennies, décime les palmeraies. De même, de nombreuses variétés traditionnelles adaptées à la demande locale sont en danger de disparition du fait de l'indisponibilité en rejets de ces variétés d'intérêt.

En Afrique saharienne, ce sont surtout la sécheresse et le vieillissement des palmeraies qui freinent la phoeniciculture et provoquent la disparition de nombreux cultivars entraînant de ce fait l'appauvrissement du pool génétique (Ould Sidina, 1999).

Dans les pays du Sahel, l'extension des cultures est freinée par le manque de disponibilité en plants adaptés aux conditions édapho-climatiques locales. En effet, le chevauchement entre la période de maturation des fruits et la saison des pluies ou encore la salinité des sols constituent des obstacles majeurs pour le développement de la phœniciculture. Le développement de la culture du palmier dattier dans cette aire nécessite donc la sélection puis la diffusion de cultivars précoces et tolérant la salinité (Ferry, 1998 ; Sané *et al.*, 2005).

Toutefois, la multiplication traditionnelle du palmier dattier par semis ou par plantation de rejets produits à la base du stipe reste insuffisante pour produire des dattiers de qualité en grande quantité. Les pieds femelles sont très hétérogènes quand ils sont issus de semis et les pieds mâles sont improductifs. De plus, la multiplication végétative de plants de qualité par les rejets reste trop limitée.

La mise au point de stratégies efficaces de multiplication de génotypes élites s'avère nécessaire pour faire face à ces différentes contraintes.

Les recherches se sont donc orientées vers les biotechnologies comme la culture *in vitro*, l'organogenèse et l'embryogenèse somatique, pour produire en grande quantité des plants de variétés d'intérêt de palmier dattier.

Les procédés de clonage actuellement utilisés montrent que les différentes étapes de la culture *in vitro* par embryogenèse somatique du palmier dattier sont assez bien maîtrisées. Néanmoins, il existe encore des freins à la production à grande échelle. Le processus de régénération à partir de l'explant primaire jusqu'à obtention de plants prêts à être transférés en palmeraie est long ; il dure au minimum 3 ans et le taux de multiplication reste variable selon la technique et les génotypes utilisés. La première étape du procédé, l'induction de l'embryogenèse, peut durer à elle seule, une dizaine de mois. Malgré l'amélioration des procédés de régénération dans différents laboratoires grâce à l'utilisation des suspensions cellulaires embryogènes (Daguin et Letouze, 1988 ; Fki *et al.*, 2003 ; Sané *et al.*, 2004 ; Zouine *et al.*, 2005 ; Sané *et al.*, 2006), il existe encore des étapes limitantes, qui nécessitent des recherches approfondies, comme la durée du temps de réponse *in vitro* des tissus, le caractère aléatoire de la callogenèse et de l'embryogenèse qui traduisent des aptitudes différentes à la régénération en fonction des génotypes et la nécessité d'optimiser la qualité des embryons somatiques ainsi que la vigueur des plantules.

Le travail présenté dans cet ouvrage est une contribution à la recherche des voies d'amélioration des procédés de multiplication végétative chez le palmier dattier.

Le développement de la phoeniciculture au Sahel passe par la création de génotypes adaptés aux conditions édapho-climatiques de cette aire et la mise au point de stratégies de multiplication conforme. Or, malgré la diversité des travaux effectués dans ce domaine, aucun protocole n'a, à ce jour, été décrit pour des cultivars adaptés à l'environnement sahélien.

C'est dans ce contexte que ce travail a été initié. Les approches de biologie cellulaire et de biotechnologie présentées ont pour objectif principal de contribuer à l'optimisation des procédés de clonage du palmier dattier par embryogenèse somatique afin d'améliorer l'efficacité de la micropropagation des génotypes d'intérêt. Dans cet objectif, des recherches fondamentales, améliorant les connaissances sur les différentes étapes de l'embryogenèse somatique qui vont conduire de la cellule indifférenciée à l'embryon puis à la plantule, sont essentielles dans la perspective d'une meilleure maîtrise des procédés de régénération du dattier.

Le travail présenté ici est divisé en deux parties :

- la première partie est consacrée à la description des observations physiologiques, morpho- histocytologiques et cytogénétiques du procédé de régénération à partir des suspensions cellulaires que nous avons adopté. En effet, les travaux de Daguin et Letouze (1988), de Fki *et al.* (2003) et de Zouine *et al.* (2005) ont montré l'intérêt de cette technologie pour la production de plants sélectionnés chez le dattier. Toutefois, il ressort de ces différentes études une contrainte majeure, liée à la nécessité d'optimiser à chaque fois les protocoles en fonction des besoins physiologiques propres aux génotypes utilisés. De plus, aucune analyse histocytologique des différentes étapes du développement permettant l'optimisation des cultures au cours du processus de régénération à partir de suspensions cellulaires n'a été réalisée, à ce jour, avec précision chez le dattier. Cette partie est également consacrée à l'analyse de la conformité des régénérants. En effet, nous avons cherché à mettre en place un procédé de régénération qui permette au maximum la production de plants conformes. Or, la voie de régénération utilisée qui consiste à produire des embryons somatiques à partir de suspensions cellulaires implique le passage des explants primaires par une phase de dédifférenciation cellulaire. Cette voie était considérée précédemment comme seule inductrice de variation du génome ou de son expression (Philips *et al.*, 1991). Il était donc important de contrôler la stabilité génétique des régénérants par rapport au matériel d'origine afin de s'assurer que la technique de régénération utilisée peut être développée pour une production conforme de plants de génotypes sélectionnés. Pour ce faire, nous avons utilisé une approche quantitative basée sur l'estimation de la quantité d'ADN nucléaire des vitroplants régénérés par cytofluorimétrie (Dolezel *et al.*, 1998, Bogunic *et al.*, 2007). Elle devrait nous permettre de mettre en évidence chez les régénérants, dans le cas où elles existeraient, des variations de génomes subtiles comme l'euploïdie ou l'aneuploïdie (Ahmed *et al.*, 1993 ; Borgel *et al.*, 1998).

- la deuxième partie est relative à l'analyse des étapes tardives de l'embryogenèse somatique chez le palmier dattier. En effet, l'un des facteurs limitant la production de vitroplants chez le palmier dattier est une maîtrise incomplète des différentes étapes de l'embryogenèse entraînant une maturation incomplète des embryons somatiques. Cela conduit à un manque de vigueur des plantules et à des pertes importantes lors de la germination et des étapes suivantes. La qualité des embryons produits *in vitro* est déterminante pour la vigueur des plantules. La maîtrise du développement des embryons somatiques passe donc par une amélioration de nos connaissances sur les étapes clé de l'embryogenèse somatique : la mise en place de l'axe apico-basal, l'accumulation des réserves protéiques, glucidiques et lipidiques et l'acquisition de la tolérance à la dessiccation et la germination. Pour ce faire, nous avons recherché des marqueurs cellulaires (Morcillo *et al.*, 1997), biochimiques (Panikulangara *et al.*, 2004) et moléculaires (Haake *et al.*, 2002 ; Aberlenc-Bertossi *et al.*, 2006) caractéristiques des différents stades de développement des embryons en focalisant notre intérêt sur le rôle clé des régulateurs de croissance dans la régulation du développement embryonnaire. A cet effet, l'influence de l'acide abscissique et du saccharose sur la qualité des embryons somatiques a été évaluée. Les marqueurs biochimiques (oligosaccharides) ont été analysés par HPLC-Dionex et les marqueurs moléculaires recherchés par une approche gène candidat. L'expression de gènes candidats marqueurs de la maturation (Déhydrine, Early méthionine (EM), Globuline et Galactinol synthase) et de la germination (Cystéine protéinase) choisis sur la base de leur similarité de séquences avec les gènes caractérisés chez des plantes modèles a été étudiée par RT-PCR. Dans cette démarche, l'évolution de ces différents marqueurs a été étudiée au cours de l'embryogenèse zygotique *in planta* et l'embryogenèse somatique *in vitro*.

Ces différentes approches devraient permettre de préciser les facteurs essentiels à la régulation des processus d'embryogenèse conduisant, à terme, à une meilleure maîtrise des procédés de régénération.

En préambule de ces travaux, nous présentons une synthèse de données bibliographiques se rapportant au palmier dattier et à l'embryogenèse somatique et nous précisons le matériel utilisé ainsi que les méthodes appliquées au cours de nos différentes expérimentations.

ANALYSE BIBLIOGRAPHIQUE

1. Généralités sur le palmier dattier

Le palmier dattier (*Phœnix dactylifera* L.) est une monocotylédone arborescente dioïque. La culture de cette espèce végétale est sans doute parmi les plus anciennes. Son développement est associé à la naissance des premières civilisations urbaines et agricoles florissantes du Croissant fertile, région qui s'étend de la Turquie à l'Ouest de l'Iran. Des graines de palmier dattier découvertes en 1970 sur le site historique de Massada dans le désert de Judée et datant de 2000 ans ont conservé leur pouvoir germinatif (Helen Salloway *et al.*, 2005).

2. Systématique

Le palmier dattier a été dénommé *Phœnix dactylifera* par Linné en 1753. *Phœnix* dérive de *phoinix*, nom du dattier chez les Grecs de l'antiquité qui le considéraient comme l'arbre des Phéniciens (du grec phoen, rouge sang caractéristique de la couleur de la peau de cette ethnie). *Dactylifera* vient du latin dactylus dérivant du grec daktulos, signifiant doigt, en raison de la forme du fruit du dattier et du latin *fero*, « je porte ».

Une autre origine du nom est attribuée au géographe grec Theophraste (372-287 AV. J. C.) qui l'avait baptisé Phœnix en faisant un parallèle entre ses feuilles pennées sortant éternellement du bourgeon et les ailes de l'oiseau renaissant de ses cendres après s'être immolé sur un bûcher en rapport avec la mythologie.

2.1. Le genre *Phœnix*

Le genre *Phœnix* appartient à la famille des Arecaceae anciennement Palmaceae. Moore (1973) subdivise les palmiers en 15 groupes taxonomiques distincts en se basant sur des caractères morphologiques des feuilles et des fleurs et leur répartition géographique. Le genre *Phœnix* est inclus dans le groupe des palmiers Phoenicoïdés proches du groupe des Coryphoïdés. Pour Moore (1973), les Phoenicoïdés se distinguent des Coryphoïdés par la morphologie des feuilles et par le mode de floraison. Ils partagent cependant quelques caractéristiques florales en particulier les distinctions morphologiques entre les fleurs mâles et les fleurs femelles des espèces dioïques.

Une nouvelle classification de la famille des Arecaceae basée à la fois sur l'analyse de données morphologiques et de séquences de l'ADN nucléaire est actuellement proposée par Asmussen *et al.* (2006). Ces auteurs, en reprenant les travaux de Dransfield et Uhl (1998) ont divisé la famille des Arecaceae en cinq sous familles représentées par les Calanoïdeae, les Nypoïdeae, les Coryphoïdeae, les Ceroxyloïdeae et les Arecoïdeae.

Le genre *Phœnix* est classé actuellement dans la sous famille des Coryphoïdeae Griffith et reste le seul genre de la tribu des *Phœniceae*. Cette dernière est caractérisée par des feuilles pennées dont les folioles de la base sont modifiées en épines. Le genre *Phœnix* est distribué en Afrique et en Asie du Sud.

2.2. Les différentes espèces du genre *Phoenix*

Le genre *Phœnix* comporte 12 à 19 espèces botaniques, dont 5 à fruits consommables (Munier, 1973). En plus du palmier dattier, la plupart des espèces sont largement utilisées comme source de fibres textiles, d'amidon, de sucres ainsi que d'huile et de chaume. Parmi ces espèces, quelques unes sont utilisées comme plantes ornementales et sont de ce fait commercialisées.

Les espèces décrites sur les critères botaniques habituels s'hybrident entre elles. Ainsi, la structure génétique du genre reste très mal connue et une profonde révision de la distinction des espèces s'avère nécessaire. En effet, Kaci-Aissa Benchaba (1988) dans une synthèse de données bibliographiques portant sur la distribution et l'écologie des espèces du genre *Phœnix* met en évidence une certaine confusion quant à la distinction des espèces entre elles. Cet auteur propose de rapporter le nombre à 12 en raison d'analogies évidentes entre plusieurs espèces d'appellations différentes. C'est le cas de *P. canariensis* et *P. atlantica*, tandis que *P. reclinata* correspondrait à l'ensemble des espèces *dybowskii, baoulensis, djalonensis* et *caespitosa*.

Liste des espèces du genre *Phœnix* :

P. africains	P. asiatiques	P. européens
atlantica, A.Chev.	acaulis, Bush.	theophrasti, Grenter
baoulensis, A. Chev.	arabica, M. Burret	
caespitosa, Chiov	farinifera, W. Roxb.	
canariensis, B. Chab.	humilis, Royle	
comorensis, O. Becc.	paludosa, W. Roxb.	
djalonensis, A. Chev.	reobelinii, O'Brien	
dibowskii, A. Chev.	rupicola, T. Anderson	
reclinata, Jacq.	sylvestris, W. Roxb.	
spinosa, Thonn.	zeylanica, H. Trimen	

D'après Maire, cité par Ozenda (1958), le genre *Phœnix* se distingue des autres genres de la famille des Arecaceae par les caractéristiques suivantes :

- les lanières des jeunes feuilles sont pliées longitudinalement avec leur concavité sur la face interne ;
- les feuilles sont pennatisséquées et la spathe est unique ;
- l'ovaire a trois carpelles.

Toutefois, l'espèce *Phœnix dactylifera* L. se distingue des autres espèces du même genre par un tronc long et grêle et par des feuilles glauques.

Les palmiers présentent une très faible diversité dans leur équipement chromosomique. En effet, les valeurs 2n les plus représentées sont 26, 28, 32 et 36 chromosomes, mais il existe une relation inverse entre les nombres chromosomiques et la tendance évolutive des palmiers, puisque le nombre haploïde 18 a été trouvé chez les palmiers les plus primitifs, tels les *Phœnix*, alors que les nombres 17, 16, 15, 14, 13 ont été comptés chez les palmiers les plus évolués (Hussein, 1984).

L'ordre des Palmales comprend cinq autres espèces économiquement intéressantes, le palmier à huile (*Elaeis guineensis* Jacq.), le cocotier (*Cocos nucifera* L.), l'aréquier (*Areca catechu*), le palmier à farine (*Raphia farinifera*) et le chou palmiste (*Bactris gasypaes*).

2.3. Les *Phoenix* L. hybrides

Les *Phoenix* possèdent 36 chromosomes. Le croisement entre *P. dactylifera* et les autres espèces du genre *Phoenix* a permis de créer des hybrides produisant des fruits consommables (Munier, 1973 ; Djerbi, 1976). C'est le cas des hybrides issus des croisements entre :

Phœnix dactylifera L. x *Phœnix sylvestris* Roxb. (Inde)
Phœnix dactylifera L. x *Phœnix reclinata* Jacq. (Sénégal)
Phœnix dactylifera L. x *Phœnix canariensis* B. Chab. (Algérie, Maroc).

3. Morphologie du palmier dattier

Le palmier dattier possède un tronc cylindrique ou stipe terminé par un unique bourgeon végétatif très fortement protégé par les feuilles auxquelles il a donné naissance. Les feuilles sont longues (4 – 5 m), alternées suivant une spirale serrée, gainées à leur base et pennées. A l'aisselle de chacune d'entre elles se trouve un bourgeon axillaire pouvant se développer soit en gourmand dans la zone sous coronaire, soit en rejet dans la partie

Analyse bibliographique

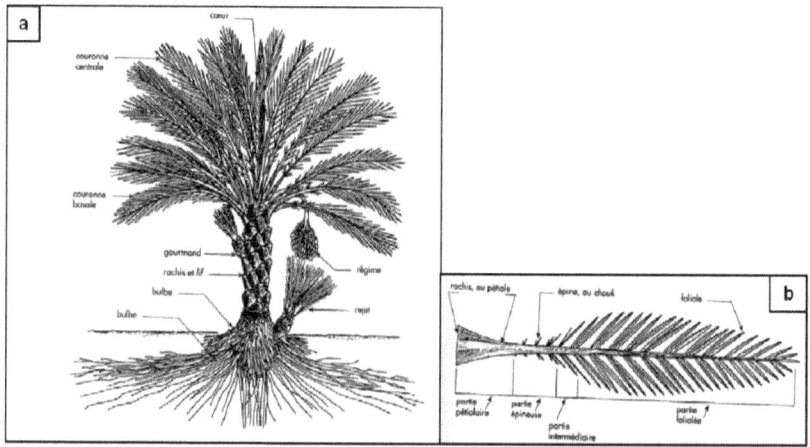

Figure 1 : Représentation schématique du palmier dattier (a) et de sa palme (b) (d'après Peyron, 1994).

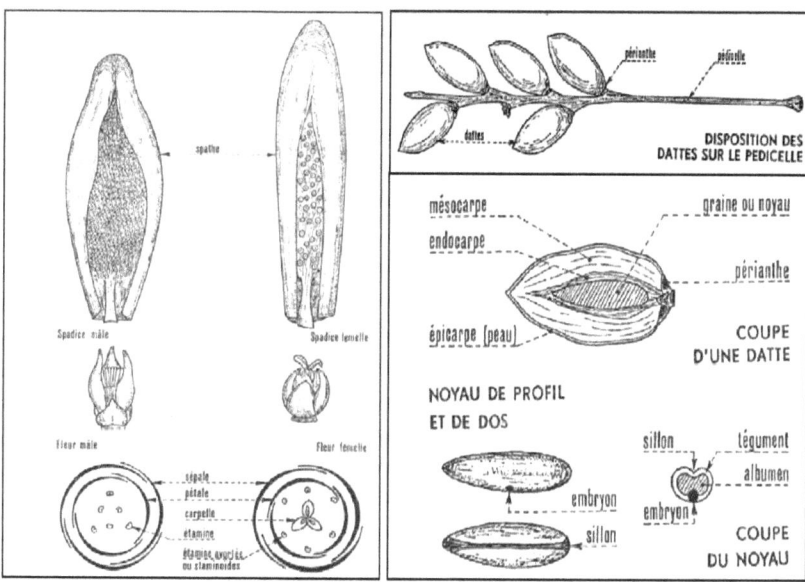

Figure 2 : Inflorescences du palmier dattier (d'après Munier, 1973).

Figure 3 : Fruit et graine du palmier dattier (d'après Munier, 1973).

basale (Munier, 1973) (figure 1).

Le système racinaire est fasciculé. Au niveau du bulbe situé à la base du tronc, partent de nombreuses racines adventives qui sont soit horizontales soit obliques (figure 1). Les racines peuvent être très longues (17 m de longueur) surtout lorsque la nappe phréatique est très profonde (Peyron, 2000).

Le palmier dattier étant une plante dioïque, il existe des arbres femelles et des arbres mâles. Seuls les arbres femelles produisent des fruits mais un seul arbre mâle suffit à produire du pollen pour polliniser 40 à 50 arbres femelles. Les inflorescences appelées spadices sont enveloppées par une grande bractée : le spathe. Les fleurs mâles possèdent 6 étamines à déhiscence interne, disposées sur 2 verticilles. Elles comportent un calice court, formé de 3 sépales soudés et d'une corolle de 3 pétales pointus. Les fleurs femelles ont un ovaire comportant généralement 3 carpelles libres renfermant chacun un ovule. Un seul ovule est fécondé et un seul carpelle se développe par fleur (figure 2) (Munier, 1973).

Le fruit du dattier, la datte, est une drupe à mésocarpe charnu et fibreux autour de la graine (figure 3). Sa taille, sa forme, sa couleur et la qualité de sa chair sont très variables. Un seul régime de dattes peut en contenir plus d'une centaine et peut peser entre 8 et 25 kg. Chaque arbre produit entre 5 et 10 régimes par an.

4. Origine, Répartition géographique et Conditions écologiques

4.1. Origine

L'origine du palmier dattier paraît très controversée. Selon les travaux de Zohary et Hopf, (1988) l'ancêtre sauvage de cette espèce est identifié. Il est distribué sur la frange méridionale chaude et sèche du Proche Orient, sur le Nord Est du Sahara et le Nord du désert d'Arabie. Sa morphologie et ses exigences climatiques sont les mêmes que celles du palmier dattier cultivé ; la seule différence réside dans la taille des fruits qui est plus petite avec une pulpe très réduite et indigeste.

L'analogie des formes sauvages avec les arbres cultivés les a fait classer par les botanistes avec *Phœnix dactylifera*. Actuellement, elles sont mêlées aux formes domestiques, non seulement au Nord Est de l'Arabie où elles occupent les niches primaires, mais on les trouve

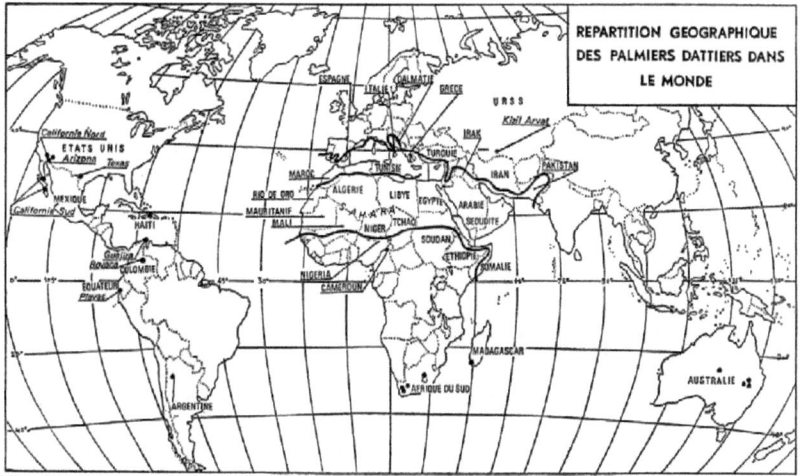

Figure 4 : Répartition géographique mondiale du palmier dattier (d'après Branton et Blake, 1989).

aussi dans les terres basses du Khuzistan et la région méridionale de l'étendue de Zagros face au Golfe Persique, ainsi que dans la partie méridionale du bassin de la Mer morte.

L'idée d'un ancêtre sauvage avait déjà été émise par Werth (1933) qui refusait la pluralité des ancêtres en raison de la stabilité des formes des organes floraux du palmier dattier cultivé dans toutes les régions du monde. La domestication du palmier dattier sauvage remonterait à environ 3700 ans avant J. C. Il a fait partie de la période Chalcolithique avant l'âge de bronze.

Des vestiges de palmier dattier ont été mis en évidence dans le site archéologique de Hili dans la péninsule d'Oman qui révèle l'existence d'oasis depuis plus de 3000 ans avant J. C. (Cleuzio et Constantini, 1982). La domestication et la sélection naturelle ont amélioré la qualité et la taille du fruit.

Signalons que pour Munier (1973), le palmier dattier est le résultat de l'hybridation de plusieurs Phœnix et l'origine des formes cultivées doit se situer dans la zone marginale septentrionale ou orientale du Sahara.

4.2. Répartition géographique

Le palmier dattier est cultivé dans les zones arides et semi-arides chaudes d'Asie et d'Afrique mais aussi en Australie où il a été introduit au 18ème siècle et dans certaines régions méditerranéennes d'Europe (figure 4) (Branton et Blacke, 1989). C'est le cas notamment de l'Espagne qui reste le seul pays européen à produire des dattes dans la célèbre palmeraie d'Elche située à l'Ouest d'Alicante. Aux Etats Unis d'Amérique, où les principaux centres de production sont situés en Californie, en Arizona et au Texas, le palmier fut introduit au 18ème siècle mais sa culture débute réellement vers les années 1900 (Hilgeman, 1972).

En Afrique, cette espèce est très anciennement cultivée dans la région péri-méditerranéenne depuis l'Atlantique, à l'Est, jusqu'en Egypte, à l'Ouest. Les principales régions productrices se situent au nord du Maroc, de l'Algérie, de la Tunisie, de la Libye, de l'Egypte, au nord et au centre de la Mauritanie et au Nord-Ouest du Rio de Oro (Munier, 1973).

Le dattier est aussi cultivé, mais à un degré moindre, dans d'autres régions désertiques de l'Afrique notamment au Mali, au Cameroun, au Niger, au Tchad, au Soudan, en

Somalie, en Ethiopie, à Djibouti dans l'aire saharienne, ainsi qu'en Tanzanie et à Madagascar dans des aires analogues de l'hémisphère sud. Au Sénégal, il est présent entre Matam et Bakel sous forme de petites populations improductives. Toutefois, compte tenu des enjeux économiques liés à la culture de cette espèce, des essais de plantation de palmiers dattiers sont en cours de réalisation notamment à Keur Momar Sarr, localité située aux alentours du lac de Guiers dans la région de Louga.

En Amérique, le palmier dattier est essentiellement cultivé aux Etats unis d'Amérique (Californie et Texas). On le rencontre également, mais en nombre réduit, au Mexique, aux Antilles, en Colombie, au Brésil, en Equateur et en Argentine.

En Asie, les plus importants peuplements de dattier se rencontrent en Irak, en Iran, en Arabie Saoudite, au Yémen et aux Emirats Arabes Unis. Le dattier se rencontre aussi, mais de manière marginale, au Pakistan, en Ex URSS, au Liban, en Palestine et en Israël ainsi qu'à Chypre.

En Australie, les principaux centres de production de dattes se localisent en Queensland et en Australie du nord.

Il a aussi été importé en Nouvelle Calédonie et on le rencontre sporadiquement comme plante d'ornement à La Réunion.

En Europe, le dattier est cultivé dans les rivages européens de la Méditerranée et ceux du secteur méridional de la Péninsule ibérique. Sauf en Espagne où l'on rencontre les plus importants peuplements européens de dattier, l'espèce est surtout cultivée comme plante ornementale notamment sur la Côte d'Azur en France, en Italie, au Portugal et en Grèce.

4.3. Conditions écologiques

Le palmier dattier est une espèce thermophile qui nécessite pour sa croissance et la production dattière des températures supérieures à 30°C et une forte luminosité. Mais le palmier dattier supporte sans dégâts de fortes et de basses températures de +50°C à – 6°C (Munier, 1973).

L'espèce préfère les sols légers, mais peut s'accommoder de tous les sols des régions arides et semi-arides. Toutefois, son comportement diffère selon le type de sol dans lequel il est planté. En sol léger, sa croissance est plus rapide qu'en sol lourd.

Le dattier peut résister à des sécheresses prolongées, mais a cependant des exigences en eau pour la production dattière. Il est également très tolérant au sel, mais seulement sous forme de chlorures jusqu'à 22 000 ppm selon Gepts (1998). Les sulfates sont tout à fait toxiques (Jahiel, 1989). La concentration extrême de la solution de sel est de 15%. Au delà de 30% le dattier dépérit. C'est pourquoi il est nécessaire de réaliser un système efficace de drainage dans les sols à haute concentration en sels ou dans les cas d'irrigation avec des eaux saumâtres.

Les conditions optimales d'implantation sont d'un arbre tous les 6 à 8 mètres pour permettre un bon niveau d'éclairement des plantes et une bonne maturation des dattes.

5. Rôle socio-économique

Toutes les parties du palmier dattier sont utiles. Le bois et les feuilles servent à la fabrication des maisons et des clôtures. Les feuilles sont également utilisées dans la vannerie et la corderie. La datte est un aliment essentiel et vital pour les habitants du désert et des terres arides. Sa valeur énergétique est grande et varie de 1500 à 2700 $cal.kg^{-1}$ (Ould Bouna, 2002). Les dattes nourrissent les cheptels, transformées elles produisent de la pâte, de la pâtisserie et des confiseries, de la farine, du vin, etc.

L'association des cultures variées au palmier dattier et à l'élevage permet des productions d'autoconsommation mais aussi de l'exportation. La datte fait l'objet d'un marché important de par son volume et de par les rentrées d'argent qu'elle procure parfois sous forme de devises pour certains pays qui l'exportent. Selon la FAO, il existe 90 millions de palmiers dattiers dans le monde qui peuvent vivre 100 ans. Soixante-quatre millions de ces palmiers sont situés dans les pays arabes et produisent 2 millions de tonnes de dattes chaque année. Les principaux pays producteurs sont l'Algérie, Bahrein, l'Egypte, l'Iraq, la Libye, le Maroc, Oman, l'Arabie Saoudite, le Soudan, la Syrie, la Tunisie, les Emirats Arabes Unis et le Yémen. L'Algérie, l'Egypte, la Libye, le Maroc et l'Arabie saoudite produisent 60% de la production mondiale (Gepts, 1998).

Dans les pays d'Afrique subsaharienne, la phoeniciculture est encore peu développée malgré les besoins formulés par différents Etats. En effet, pour redynamiser l'économie locale et lutter contre la pauvreté, des pays comme le Mali, le Niger, Djibouti et le Sénégal ont placé le développement de la phoeniciculture comme priorité nationale.

6. Les méthodes de propagation

Deux méthodes traditionnelles sont utilisées habituellement pour l'entretien et l'extension des palmeraies existantes. Il s'agit d'une part, de l'utilisation de graines issues de la reproduction sexuée et d'autre part de l'utilisation des rejets produits par le pied mère. Actuellement, les procédés de culture de tissus *in vitro*, largement expérimentés, sont de plus en plus utilisés pour la propagation du palmier dattier et constituent un enjeu primordial pour la mise en valeur économique de l'espèce.

6.1. La multiplication sexuée

La multiplication par semis est le mode de propagation du dattier le plus anciennement pratiqué par les phoeniciculteurs. Toutefois, le palmier dattier est dioïque et ce caractère entraîne une très forte hétérozygotie de la descendance. De plus, une population issue de graines est composée de 50% de pieds mâles et 50% de pieds femelles.

La propagation par semis permet d'introduire une diversité dans les populations mais limite de manière importante la production potentielle dans la mesure où la moitié de chaque nouvelle population est mâle. En effet, il suffit seulement d'un arbre mâle pour polliniser 50 arbres femelles. Dans la mesure où l'on voudrait créer des palmeraies nouvelles, ce mode de propagation ne constitue pas le mode le plus rentable. Pour éliminer les arbres mâles inutiles, il faut attendre 5 à 8 ans pour que la floraison soit initiée et ainsi reconnaître le sexe. Il se pose donc le problème de la détermination précoce du sexe chez le palmier dattier.

Cependant, c'est bien ce mode de propagation qui a permis l'extension globale de la culture et l'introduction du dattier en dehors de son aire de culture. Il est à l'origine de l'apparition de phénotypes intéressants permettant la création de nouvelles variétés populations ainsi que des variétés clonales qui seront propagées par les rejets de souche. La multiplication par semis est actuellement utilisée pour la création d'oasis dans les pays sahéliens où elle demeure la méthode la moins coûteuse (Ferry, 1998). Toutefois, elle ne peut être pratiquée pour une phoeniciculture intensive car, elle ne permet pas de reproduire exactement les qualités originelles d'une variété donnée.

6.2. La multiplication par rejets

Traditionnellement, la propagation végétative du palmier dattier se fait grâce aux rejets se développant à la base du stipe ou sur le bulbe, à partir des bourgeons axillaires (Toutain et Rhiss, 1973). Le rejet possède intégralement les caractéristiques du pied mère. Ainsi, tous les cultivars connus sont donc en principe des clones. Cependant, la production de rejets est limitée et dépend de l'âge de la plante et du cultivar. On considère que le palmier produit en moyenne vingt rejets pendant les dix premières années de sa vie. Ce nombre est tout à fait insuffisant pour reconstituer les palmeraies vieillissantes ou détruites par le bayoud, reconvertir celles qui sont menacées, étendre les plantations à cause de la démographie galopante et en créer de nouvelles, à production dattière améliorée. De plus, cette méthode de multiplication peut s'avérer difficile, soit par une faible production de rejets chez certaines variétés (Bouguedoura, 1982), soit par des difficultés d'enracinement qui rendent faibles les taux de reprise de croissance des plants (Toutain, 1966). Par conséquent, cette méthode s'avère peu efficace surtout si l'on se situe dans une perspective de renouvellement des palmeraies dans les zones de tradition phoenicicole ou de création de nouvelles palmeraies aussi bien dans ces zones que dans les régions sahéliennes atteintes par la sécheresse et qui constituent un milieu favorable pour le développement de la phœniciculture.

6.3. La propagation végétative *in vitro*

Pour pallier les insuffisances des méthodes de propagation traditionnelle du dattier, les recherches ont été orientées très tôt vers la mise au point de techniques de cultures de tissus *in vitro*. Deux voies de recherche ont été principalement explorées : le bourgeonnement axillaire à partir de la culture d'apex (Rhiss *et al.*, 1979 ; Beauchesne, 1983) ou de bourgeons axillaires de rejets (Drira, 1983). Cette technique a été longtemps privilégiée chez le dattier pour la production de plants conformes (Booij, 1992). Toutefois, elle est de moins en moins utilisée en raison de la baisse, au fil des subcultures, des potentialités organogénétiques des micro boutures ainsi que des difficultés rencontrées pendant la phase d'enracinement des vitroplants probablement liées au vieillissement physiologique des tissus *in vitro* (Ferry *et al.*, 1987). De plus, des variants somaclonaux ont été produits par cette méthode (Cohen *et al.*, 2004), comme avec les autres méthodes biotechnologiques. Actuellement, les recherches sont tournées vers l'optimisation de la technique de l'embryogenèse somatique qui offre de meilleures possibilités d'assurer le renouvellement ou la création de palmeraies.

6.3.1. L'embryogenèse somatique

6.3.1.1. Le concept d'embryogenèse somatique : définitions et notion de compétence cellulaire

Chez les plantes, il existe deux grandes stratégies de reproduction qui sont distinguées par leur origine cellulaire. La première est l'embryogenèse zygotique ou reproduction sexuée. La deuxième, la reproduction végétative ou reproduction asexuée, repose sur une propriété de la cellule végétale : la totipotence. Ce concept sous-entend qu'une cellule différenciée est capable, de se dédifférencier pour retourner à un état méristématique ou même embryogène et reconstituer dans ce cas une plante entière en suivant des stades de développement comparables à ceux de l'embryon sexué (Fehér *et al.*, 2003).

L'embryogenèse somatique est un des exemples illustrant cette seconde stratégie de reproduction. En effet, elle désigne l'ensemble des processus par lesquels une cellule ou un groupe de cellules somatiques est capable de former un embryon complet ayant une structure morphologiquement similaire à l'embryon zygotique. Cet embryon somatique est ensuite capable de régénérer une plante entière fertile.

En fait, un embryon est une entité structurelle bien définie avec un axe bipolaire (pôle gemmulaire et pôle racinaire opposés) ne possédant aucune connexion vasculaire avec les tissus maternels qui le portent (Haccius, 1978). L'embryon se définit également par son ontogenèse. Sa mise en place implique une étroite coordination au sein de l'association cellulaire qui permettra la constitution progressive d'un individu complet (Verdeil, 1994). D'après Carman (1990), lorsque cette coordination est rompue à la suite de perturbations d'ordre physiologique ou biochimique, pouvant intervenir lors des différentes phases de la différenciation de l'embryon, on peut assister à la mise en place de structures tératogènes, et voir l'apparition de racines, de tiges ou de cotylédons multiples (Verdeil 1993).

Découverte par Steward *et al.* (1958) dans des tissus de carotte, l'embryogenèse somatique a depuis été généralisée à un nombre croissant d'espèces parmi lesquelles de nombreuses herbacées (Tisserat *et al.*, 1979 ; Ammirato, 1983 et 1987 ; Williams et

Maheswaran, 1986). Cette technique de multiplication a plus récemment été appliquée à certaines espèces de ligneux qui semblaient jusqu'alors récalcitrantes (Gupta et Durzan, 1986, Hakman et Fowke, 1987 ; Boulay *et al.*, 1988, Garg *et al.*, 1996 ; Sané *et al.*, 2001). Certaines espèces, comme les citrus ou les manguiers, présentent une embryogenèse somatique spontanée (Tisserat *et al.*, 1979). Cependant, ce mode de reproduction est généralement utilisé pour la production et la propagation de plantes d'intérêt agronomique ou bien de plantes transformées, difficiles ou impossibles à reproduire par voie sexuée.

L'embryogenèse somatique est apparue importante à la fois pour la recherche fondamentale et appliquée. Elle n'est pas seulement un procédé de culture *in vitro* qui produit des embryons somatiques d'espèces cultivées importantes, mais elle est surtout un outil pour des études physiologiques, biochimiques et moléculaires sur le développement de la plante (Dodeman *et al.*, 1997). En effet, grâce à ses similarités avec l'embryogenèse zygotique et l'accessibilité de ses stades précoces de développement, l'embryogenèse somatique est devenue un système expérimental important chez des espèces modèles comme *Arabidopsis thaliana* (Wang *et al.*, 1998 ; Gaj, 2004) et chez un nombre important d'espèces cultivées et forestières (Thorpe, 1995 ; Mordhorst *et al.*, 1998 ; Huntley *et al.*, 1998 ; Morcillo *et al.*, 2005).

Toutefois, malgré des avancées récentes en embryogenèse somatique, la question fondamentale posée par Vogel (2005) sur la compréhension des mécanismes moléculaires qui décrivent comment une simple cellule somatique végétale peut devenir une plante entière renvoie à l'une des plus importantes interrogations scientifiques actuelles. Des questions importantes sur l'embryogenèse somatique et l'embryogenèse zygotique demeurent encore sans réponse. En effet, comment une cellule acquiert la capacité de former un embryon ? Qu'est-ce qui détermine le potentiel « embryogénique » de différents tissus et génotypes ? Quels sont les mécanismes précoces de développement de l'embryon ? Quelles sont les bases moléculaires des variations somaclonales ? De nombreuses études réalisées chez des espèces modèles ont tenté d'apporter des éléments de réponse à ces questions. Ces études ont porté sur l'analyse du développement des mutants (Lotan *et al.*, 1998 ; Despres *et al.*, 2001 ; Stone *et al.*, 2001 ; Zuo *et al.*, 2002), sur les embryons zygotiques cultivés *in vitro* (Leduc *et al.*, 1996 ; Dresselhaus *et al.*, 1996) et les embryons somatiques (Hecht *et al.*,

2001), et plus récemment sur l'analyse de l'expression globale du génome (Dean Rider *et al.*, 2004 ; Henning *et al.*, 2004 ; Casson *et al.*, 2005).

Toutefois, même si les études sur les espèces modèles sont nécessaires pour la compréhension générale de l'embryogenèse, les études sur les espèces cultivées sont aussi nécessaires pour les comparer avec les espèces modèles afin d'établir les différences d'évolution entre les diverses espèces végétales et aussi dans le but d'appliquer les résultats à une interrogation agronomique.

6.3.1.2. Acquisition de la compétence à l'embryogenèse

Il est généralement admis que des cellules somatiques des plantes sont capables dans certaines circonstances de donner naissance à des embryons (Fehér *et al.*, 2003). Toutefois, la compétence à l'embryogenèse dépend étroitement de la nature des tissus utilisés et du génotype étudié. En effet, chez le palmier dattier, les tissus présentent différents niveaux d'aptitude à l'embryogenèse (Guèye *et al.*, 2006). D'après Finer *et al.* (1989), il existerait dans la plante, des cellules préembryogènes qui vont répondre en premier à toute stimulation conduisant à l'embryogenèse somatique. Cela a conduit Carman (1990) à définir la notion de compétence à l'embryogenèse qui représente la capacité d'une cellule ou d'un tissu à répondre, dans un environnement donné, à un stimulus inducteur de l'embryogenèse.

La capacité à l'embryogenèse dépend étroitement du taux de production de cellules compétentes à l'embryogenèse à partir d'un explant. Chez la carotte, plante modèle pour l'établissement de cultures embryogènes, le pourcentage de cellules embryogènes ne dépasse jamais les 2% de la totalité des cellules de la culture (De Vries *et al.*, 1988). La transition au cours de laquelle une cellule somatique devient apte à l'embryogenèse constitue donc une étape décisive dans la formation des embryons somatiques (Fehér *et al.*, 2003).

Plusieurs groupes ont tenté ces dernières années, d'appréhender les mécanismes moléculaires à l'origine de cette transition mais le faible taux de cellules embryogènes dans un tissu a rendu cette tâche délicate car il était impossible jusqu'à récemment de les isoler pour en étudier les patrons d'expression de gènes.

Cependant, différents marqueurs moléculaires spécifiques de la compétence à l'embryogenèse somatique ont été isolés (Sterk *et al.*, 1991 ; Pennel *et al.*, 1992 ; Endrizzi *et al.*, 1996 ; Dodeman *et al.*, 1997 ; Ogas *et al.*, 1999 ; Buchanan *et al.*, 2000 ; Boutilier *et al.*, 2002 ; Ernest *et al.*, 2004 ; Olsen *et al.*, 2005). Ainsi chez la carotte, l'ARNm du gène EP2 est exprimé dans les cellules externes des proembryons (Sterk *et al.*, 1991) alors que l'épitope JIM8, localisé sur différentes arabinogalactanes excrétées ou appartenant aux membranes plasmiques a été localisé sur la paroi des cellules embryogènes (Pennel *et al.*, 1992). Endrizzi *et al.* (1996) ont pu établir que la mise en place et le maintien du méristème caulinaire chez *Arabidopsis thaliana* sont sous le contrôle du gène *SHOOT MERISTEMLESS 1* (STM1) alors que la surexpression du gène *BABY BOOM* (BBM) décrit chez *Brassica napus* stimule chez *A. thaliana* la prolifération cellulaire et la morphogenèse embryonnaire (Boutilier *et al.*, 2002). Gaj *et al.* (2005) ont également montré que les gènes *LEAFY COTYLEDON* (LEC) sont essentiels pour l'induction de l'embryogenèse somatique chez *A. thaliana* alors que le gène *PICKLE* (PKL) agirait comme un répresseur transcriptionnel des gènes impliqués dans l'induction et le maintien de la morphogenèse embryonnaire (Henderson *et al.*, 2004).

Ces marqueurs constituent des outils intéressants qui devraient permettre de tester l'embryogénicité des cultures établies après la phase d'induction.

6.3.1.3. Les différentes phases de l'embryogenèse somatique

Les conditions de régénération des embryons somatiques ont été déterminées chez de nombreuses espèces angiospermes (Halperin, 1995, Garg *et al.*, 1996 ; Aberlenc-Bertossi *et al.*, 1999 ; Kitamiya *et al.*, 2000 ; Sané *et al.*, 2001 ; Senger *et al.*, 2001 ; Fki *et al.*, 2003 ; Sané *et al.* 2004 et 2006) et gymnospermes (Attree et Fowke, 1993 ; Dustan *et al.*, 1993 ; Filonova *et al.*, 2000). Selon Merkle *et al.* (1995), l'embryogenèse somatique peut être divisée en six phases principales que sont l'induction de l'embryogenèse, la prolifération, l'ontogenèse, la maturation et la dessiccation. La germination des embryons permet ensuite l'obtention de plantes entières. Toutefois, selon les espèces et les systèmes d'embryogenèse, ces différentes phases ne sont pas toujours identifiées.

Les étapes d'induction, de prolifération et d'ontogenèse correspondent aux phases précoces de l'embryogenèse somatique. L'induction embryogène, au cours de laquelle a lieu la dédifférenciation cellulaire et la prolifération sont principalement contrôlées par les auxines qui stimulent les divisions des cellules embryogènes (Merkle *et al.*, 1995). L'ontogenèse, est obtenue par la suppression de l'auxine des milieux de culture (Aberlenc-Bertossi *et al.*, 1999 ; Sané *et al.*, 2001 et 2006). Ce régulateur de croissance inhibe le développement des embryons et a un effet négatif sur celui des apex (Fki *et al.*, 2003). Les cytokinines induiraient durant cette étape du développement, la mise en place de plusieurs apex dans les embryons somatiques (Merkle *et al.*, 1995). Chez le palmier à huile, la diminution de l'apport en 2,4-D et de la masse de l'inoculum de la culture favorise le développement des embryons. Les agrégats embryogènes initient un protoderme et la présence de grains d'amidon indique leur polarisation (de Touchet, 1991).

La maturation et la dessiccation ont lieu au cours des phases tardives de l'embryogenèse. D'après Merkle *et al.* (1995) la maturation comprend d'une part l'expansion cellulaire et le développement des embryons et d'autre part l'accumulation des réserves et l'acquisition de la tolérance à la dessiccation.

Attree et Fowke (1993) considèrent que ces différentes étapes de l'embryogenèse, sont indispensables pour un développement normal de l'embryon. Toutefois, selon les espèces végétales et les systèmes de régénérations considérées, ces différentes phases du développement sont parfois mises en place de manière plus ou moins complète.

6.3.1.4. Processus de l'embryogenèse somatique

Selon Sharp *et al.* (1980), il convient de distinguer deux voies possibles : une voie directe et une voie indirecte.

L'embryogenèse somatique directe s'opère à partir de cellules embryogènes individualisées au sein de l'explant primaire sans qu'il y ait eu formation de cal. Ce type d'embryogenèse se rencontre le plus souvent lorsque l'explant initial est un embryon zygotique (Maheswaran et Williams, 1985). Toutefois, Blervacq *et al.* (1995) ont pu observer chez la chicorée, une embryogenèse somatique directe à partir d'explants foliaires.

Analyse bibliographique

L'embryogenèse somatique indirecte fait intervenir la formation d'un cal (prolifération de cellules indifférenciées) au sein duquel s'individualisent des cellules embryogènes. Cette voie est l'une des plus fréquemment observées, notamment lorsque l'explant initial est prélevé sur un individu adulte. Elle fait intervenir une phase de multiplication cellulaire à partir de cellules non différenciées ou à partir de cellules différenciées qui subissent une dédifférenciation préalable.

Cependant, qu'elle soit directe ou indirecte, l'embryogenèse peut être d'origine unicellulaire ou pluricellulaire (Michaux-Ferrière et Schwendiman, 1992; Verdeil *et al.*, 1992 ; Sané, 1998). L'embryogenèse d'origine unicellulaire se caractérise par la formation d'embryons à partir de cellules isolées physiquement du contexte cellulaire environnant par une paroi épaissie avec présence d'un mucilage polysaccharidique. Ce type d'embryogenèse a été décrit chez le cocotier (Verdeil *et al.*, 1992), le figuier (Vieitez *et al.*, 1992) et chez l'*Acacia raddiana* (Sané *et al.*, 2001). Elle conduit à la formation de proembryons qui possèdent les caractéristiques des premiers stades de l'embryon zygotique.

Dans le cas d'une embryogenèse d'origine pluricellulaire, l'embryon prend naissance à partir d'un amas cellulaire homogène qui acquiert un développement synchronisé. Cette voie également décrite chez le figuier (Vieitez *et al.*, 1992) et chez l'*Acacia nilotica adstringens* (Sané, 1998), s'effectue à partir de structures méristématiques qui apparaissent à la surface de certains cals et conduit chez le cocotier à la néoformation de structures, de type embryon, souvent incomplètes (haustorium avec ou sans racines, embryons soudés à aspect parfois foliacé) (Verdeil *et al.*, 1992). De par leurs caractéristiques cytologiques, ces cellules rappellent les cellules embryonnaires décrites par Rondet (1965) au moment de l'initiation de l'embryogenèse zygotique. Contrairement aux cellules embryogènes, elles sont dépourvues de réserves et possèdent une paroi non épaissie (Michaux-Ferrière et Schwendimann, 1992).

Les deux voies de l'embryogenèse peuvent être initiées simultanément au sein du même cal (Verdeil *et al.*, 1992). Toutefois, leur mise en évidence n'a donné lieu à aucune étude comparative qui permettrait de déterminer s'il existe des stimuli spécifiques de l'une ou l'autre voie.

L'embryogenèse somatique d'origine unicellulaire constitue un support de choix pour la transformation génétique. Elle a conduit chez la carotte à la régénération de plantes transformées non chimériques (Scott *et al.* 1987). Toutefois, les exemples de transformation à partir de systèmes embryogènes sont encore peu nombreux en raison de difficultés rencontrées dans la maîtrise de la régénération par cette voie.

6.3.1.5. Données histocytologiques de l'embryogenèse somatique

Au début des années 1980, des travaux visant à appréhender les événements morphogénétiques conduisant à l'apparition des embryons somatiques ont été initiés. Chez le chou (Fransz *et al.*, 1993), les tissus embryogènes prennent généralement naissance dans le parenchyme périvasculaire ou bien, après différenciation d'éléments du xylème, à partir de cellules parenchymateuses d'embryons zygotiques. De même, chez le cocotier, ils apparaissent au niveau des tissus vasculaires et périvasculaires inflorescentiels (Verdeil *et al.*,1992). D'après Pannetier *et al.* (1986), les tissus embryogènes auraient la même origine que les primordia racinaires. Chez *Arabidopsis thaliana*, les tissus embryogènes prennent naissance à partir de cellules procambiales des cotylédons (Raghavan, 2004).

En revanche, Dhed'A *et al.* (1991) observent chez le bananier une origine externe des tissus embryogènes. Dans ce cas, les nodules embryogènes apparaissent au niveau des cellules épidermiques des bourgeons méristématiques. Ces cellules s'organisent d'abord en longues cellules fortement vacuolisées avant d'acquérir secondairement les caractères de tissus méristématiques. Zegzouti *et al.* (2001) puis Mikula *et al.* (2005) ont remarqué respectivement chez *Quercus robur* et *Gentiana cruciata* que les tissus embryogènes se forment à partir de cellules épidermiques et d'amas de cellules actives des tissus corticaux des segments d'hypocotyles et d'apex de racines.

Cependant, quelle que soit leur origine tissulaire interne ou externe, la croissance et la multiplication des tissus embryogènes est assurée par la mise en place d'une assise méristématique périphérique organisée de part en part, dans le cas des cals de type nodulaires, en assise cellulaire de type cambial (Sané *et al.*, 2006).

L'apparition de structures cellulaires de type suspenseur, qui joueraient un rôle important dans le transport des nutriments au sein des tissus embryogènes a souvent été rapportée (Gupta *et al.*, 1986, 1987; Fransz *et al.*, 1993). Le suspenseur prendrait naissance au niveau des cellules embryogènes basales et correspondrait à un type cellulaire particulier, facilement reconnaissable au sein des cals embryogènes grâce à ses cellules allongées et fortement vacuolisées. La mise en place de ces cellules serait indispensable à l'émergence des nodules méristématiques embryogènes chez le riz (Jones *et al.*, 1989) et le maïs (Fransz *et al.*, 1991).

La mise en place des cellules du suspenseur est suivie d'une réorganisation cellulaire secondaire cytologiquement marquée par une dédifférenciation progressive du contenu de certaines cellules et un gonflement des noyaux qui passent d'une localisation pariétale à une position centrale au sein des cellules (Raolkshmana, 1992). Cette réactivation affecte l'ensemble des cellules qui vont former la future masse proembryogène. Ces cellules dont le rapport nucléo-cytoplasmique est élevé (proche de 0,5) constituent d'abord de petits massifs globuleux avant d'acquérir la polarité définitive des futurs embryons (Fransz *et al.*, 1991).

Chez le palmier à huile, de Touchet *et al.* (1991) observent que les cellules réactivées donnent naissance à de petits nodules de diamètre inférieur à 1 mm, constitués de petits agrégats cellulaires fortement vacuolisés, riches en protéines solubles et en grains d'amidon.

Chez le maïs, Fransz *et al.* (1991) observent, dans le cytoplasme de ces cellules, la présence massive de mitochondries, de dictyosomes et de corps multi vésiculaires qui indiquent une activité métabolique intense.

Les cellules embryogènes correspondent à un type cellulaire bien défini. Elles sont caractérisées par un rapport nucléo-cytoplasmique élevé, un nucléole unique et volumineux reflétant une synthèse d'ARN importante, un cytoplasme dense et peu vacuolisé contenant de nombreux grains d'amidon de petite taille, une paroi épaisse modifiée (Blervacq *et al.*, 1995, Verdeil *et al.*, 2001). Sané *et al.* (2006) ont pu observer chez le palmier dattier que de telles cellules se divisent activement en présence de 2,4-D puis évoluent en embryons somatiques globulaires.

6.4. Comparaison entre embryogenèse zygotique et embryogenèse somatique

Les embryons somatiques passent par des stades morphologiques et ontogénétiques similaires à ceux des embryons zygotiques (Merkle *et al.*, 1995). Toutefois, les processus d'embryogenèse zygotique et somatique divergent après l'étape de la différentiation. Les embryons zygotiques s'orientent vers un programme de maturation et de préparation à la vie ralentie (Aberlenc-Bertossi *et al.*, 2003). A l'inverse, les embryons somatiques croissent et se développent de façon continue, activant les méristèmes caulinaires et racinaires sans présenter de quiescence (Yeung, 1995 ; Sané *et al.*, 2006). Les embryons somatiques germent précocement, ce qui limite l'intérêt de la méthode par manque de possibilité de stockage. La réduction de la teneur en eau et les modifications des teneurs en régulateurs de croissance induisent l'arrêt du développement des embryons zygotiques. Ces changements programmés n'existent pas dans les embryons somatiques, c'est pourquoi il n'est pas surprenant de constater leur germination précoce (Yeung, 1995). Ainsi, selon Borman (1994) l'absence de maturation des embryons somatiques constitue souvent le principal facteur limitant la technologie des semences artificielles.

De nombreux gènes impliqués dans la régulation des étapes tardives de l'embryogenèse zygotique ont récemment fait l'objet de recherches approfondies (Dodeman *et al.*, 1997 ; Shinozaki et Yamaguchi-Shinozaki, 1997 ; Rohde *et al.*, 1999 ; Kurup *et al.*, 2000 ; Yamaguchi-Shinozaki *et al.*, 2000 ; Rohde *et al.*, 2002). Chez les plantes modèles, parmi les gènes identifiés figurent des facteurs protéiques tels que *AREB* (Abscisic acid Responsive Element Binding Protein), *DREB* (Dehydration Responsive Element Binding factor) et *EREBP* (Ethylene Responsive Element Binding Protein) susceptibles de réguler l'expression des gènes et la transduction des signaux (Yamaguchi-Shinozaki *et al.*, 2000). Au cours de l'embryogenèse d'*Arabidopsis thaliana*, les gènes *ABSCISIC ACID-INSENSITIVE 3* (*ABI3*), *FUSCA 3* (*FUS3*) et *LEAFY COTYLEDON 1* (*LEC1*) stimulent les processus de maturation des embryons et répriment simultanément la germination (Kurup *et al.*, 2000). De plus, l'expression du gène *ABI3* serait corrélée à l'arrêt de croissance, à la quiescence et à la dormance des bourgeons de peuplier (Rohde *et al.*, 2002). Ces facteurs de transcription sont donc déterminants car ils contrôleraient en amont les cascades d'événements conduisant à la tolérance à la déshydratation, la maturation et la dormance des graines et des méristèmes végétatifs.

Dans le système somatique, les embryons présentent souvent un déficit en réserves lipidiques et protéiques et sont sensibles à la dessiccation (Merkle *et al.*, 1995). Leur

absence de maturation ainsi que leur orientation précoce vers la germination (Yeung, 1995), contribuent à considérer ces embryons comme hyper-récalcitrants.
Toutefois, les similitudes entre le mutant vivipare *ABI3* d'*Arabidopsis* et les embryons somatiques concernant la sensibilité à la dessiccation, la germination précoce, l'absence de réserves protéiques et la faible sensibilité à l'ABA exogène, suggèrent l'existence de mécanismes communs gouvernant la mise en place des programmes de maturation et de germination. La fonction d'*ABI3* serait ainsi conservée dans les embryons somatiques de carotte (Shiota *et al.*, 1998).

L'application de stress hydriques ou d'acide abscissique (ABA) stimule la mise en place de la maturation et réprime simultanément la germination des embryons somatiques (Morcillo, 1998 ; Aberlenc-Bertossi, 2001). La tolérance complète à la dessiccation a ainsi été obtenue chez des embryons somatiques de carotte et de luzerne (Mc Kersie et Van Acker, 1994 ; Tetteroo *et al.*, 1995).

6.5. Facteurs clés du développement des embryons

Le développement précoce des embryons zygotiques *in planta* semble contrôlé par les auxines, les cytokinines, les gibbérellines et, plus tardivement par l'ABA qui contrôle et maintient la dormance (Choinski *et al.*, 1981 ; Quatrano, 1987).

Dans la plupart des cas, le développement des embryons somatiques a lieu dans un milieu dépourvu d'auxine (Aberlenc-Bertossi *et al.*, 1999, Sané *et al.*, 2001 ; Sané *et al.*, 2006). Cependant, ce type d'hormone est synthétisé par l'embryon somatique dès le stade pré-globulaire (Michakzyk *et al.*, 1992) et semble jouer un rôle essentiel dans la transition du stade globulaire au stade cœur (Schiavone Cvako, 1987). Le contrôle de cette phase de développement par l'auxine apparaît cependant plus important chez l'embryon somatique. En effet, Liu *et al.* (1993) ont observé chez l'embryon somatique une inhibition du transport polaire de l'auxine alors que, chez l'embryon zygotique il n'est que modifié. Cette différence ne pourrait être que la conséquence de l'absence chez l'embryon somatique, de facteurs d'origine maternelle qui pourraient en absence de transport d'auxine, induire certains des processus morphologiques liés à cette transition. L'ABA synthétisé dans les tissus non embryogènes de la graine représente probablement une source d'hormone importante au cours de la maturation de l'embryon zygotique.

6.5.1. Rôle des hormones au cours des étapes précoces de l'embryogenèse

Au cours de l'embryogenèse zygotique précoce, plusieurs facteurs de croissance différents sont soupçonnés jouer un rôle important. Selon Quatrano (1987), la présence des cytokinines dans la jeune graine serait associée à l'intense activité mitotique nécessaire à la structuration de l'embryon et celle des gibbérellines serait impliquée dans la différenciation. De même, l'auxine permettrait de stimuler la croissance en induisant l'appel des assimilats vers les graines (Varga et Bruinsma, 1976 ; Pless *et al.*, 1984 ; Hein *et al.*, 1984).

Au cours de l'embryogenèse somatique, la composition du milieu de culture est un paramètre décisif pour le bon déroulement des toutes premières phases du développement de l'embryon. Les composés auxinomimétiques, et plus particulièrement le 2,4-D, sont les inducteurs de l'embryogenèse les plus utilisés quelle que soit l'espèce végétale étudiée (Raghavan, 2004).
L'influence du 2,4-D sur la régénération a été rapporté en premier par Reynolds (1984, 1986). Cette hormone stimule l'activation de la différenciation cellulaire et le maintien de la compétence des cellules embryogènes (Carman, 1990). Le 2,4-D peut également induire un changement du programme embryogénétique et l'orienter vers une caulogenèse (Fransz *et al.*, 1993) et semble contrôler l'évolution des cellules méristématiques des cals nodulaires de palmier à huile, soit vers la formation de cals à croissance rapide, soit vers la formation d'embryons somatiques (Besse, 1992). Fransz *et al.* (1993) ont pu observer, chez *Brassica oleracea*, que les fortes concentrations de 2,4-D favorisaient l'apparition de multiples nodules méristématiques dépourvus de primordia bien distincts.

De nombreux auteurs se sont intéressés au mode d'action du 2,4-D durant les étapes précoces de l'embryogenèse somatique. Dudits *et al.* (1991) puis De Jong *et al.* (1993) pensent que la faible proportion de cellules embryogènes par rapport aux cellules non embryogènes dans un explant mis en culture correspond probablement à des cellules présentant une sensibilité différente à l'auxine.

L'effet du 2,4-D au cours de la dédifférenciation cellulaire a été étroitement corrélé à l'augmentation des teneurs d'AIA endogène dans les tissus (Michalczuk *et al.*, 1992). En effet, Pasternak *et al.* (2002) ont pu établir, chez *Medicago sativa*, que les teneurs d'AIA endogène augmentent considérablement durant les 3 premiers jours de culture en présence de concentrations optimales de 2,4-D. Jimenez et Bangerth (2001) pensent que cette forte accumulation d'AIA endogène dans les tissus, sous l'influence du 2,4-D, serait à l'origine de la totipotence des cellules somatiques chez *Zea mays* et par conséquent de leur capacité à s'orienter vers l'embryogenèse.

L'étude de cals de maïs cultivés sur différentes concentrations en auxines révèle des modifications fréquentes par méthylation de l'ADN (Brown, 1991) en particulier lors des premiers stades de la différenciation (Altamura *et al.*, 1987). Selon Loschiavo *et al.* (1989), c'est précisément les fortes concentrations en 2,4-D nécessaires à l'initiation de l'embryogenèse, qui provoquent une augmentation sensible du degré de méthylation de l'ADN. En effet, ces auteurs observent sur un milieu appauvri en 2,4-D une hypométhylation de l'ADN accompagnée d'une diminution de la densité cellulaire suivie de l'initiation de l'ontogenèse embryonnaire. Toutefois, Tranbarger *et al.* (2005) ont pu montrer sur des suspensions cellulaires de palmier à huile que la présence de 2,4-D dans le milieu de culture entraîne une hypométhylation de l'ADN des cellules. En revanche, ces mêmes auteurs observent une augmentation du taux global de la méthylation de l'ADN suivie de l'initiation du développement des embryons lorsque le 2,4-D est éliminé du milieu. De plus, ces auteurs ont observé que l'application de fortes concentrations de 2,4-D durant la phase de prolifération cellulaire entraîne une hypométhylation de l'ADN génomique des jeunes plantes dérivées de ces cultures de cellules.

Cependant, bien qu'aucune réponse claire n'ait pu être énoncée à ce jour, il existe toutefois quelques arguments en faveur d'une relation étroite entre la capacité à l'embryogenèse et une sensibilité accrue à l'hormone. Par exemple Bögre *et al.* (1990) ont pu établir chez la luzerne, que la sensibilité au 2,4-D est légèrement plus élevée dans les cultures embryogènes que dans les cultures non embryogènes. De plus, la diversité des paramètres de temps et de concentrations relatives aux traitements auxiniques nécessaires à l'induction des explants semblerait pouvoir être corrélée aux différences de sensibilité des cellules cibles. La démonstration de ce phénomène pourrait permettre d'expliquer certaines données empiriques, connues depuis de nombreuses années, comme le choix de l'explant ou encore un stade de développement bien défini de celui-ci.

6.5.2. Les facteurs intervenant dans la régulation des étapes tardives de l'embryogenèse

Chez de nombreuses espèces végétales, les processus mis en place pendant les phases tardives de l'embryogenèse et associés à la maturation des semences ont été décrits. Parmi les composés mis en jeu se trouvent notamment des sucres, des protéines de réserve, des protéines LEA (late embryogenesis abundant), des antioxydants (Pammenter et Berjak, 1999). Chez le palmier à huile, l'analyse des sucres solubles a ainsi révélé une accumulation de saccharose et d'oligosaccharides (Aberlenc-Bertossi *et al.*, 2003). Le gène de la galactinol synthase, première enzyme de la voie de biosynthèse de ces sucres est spécifiquement exprimé pendant les étapes tardives de l'embryogenèse chez la tomate (Downie *et al.*, 2003).

Les transcrits principalement accumulés pendant les étapes tardives de l'embryogenèse zygotique du palmier à huile correspondent à des gènes de protéine de réserve (globuline), de déhydrine, de protéine Em (Early-methionine) (Morcillo *et al.*, 2001 ; Wise, 2003 ; Aberlenc-Bertossi *et al.*, 2004 et 2006). Chez les plantes modèles, l'expression de facteurs de transcription tels que VP1 (viviparous-1) et EmBP-1 (Em binding protein-1), impliqués dans la régulation des gènes *LEA*, est également caractéristique de cette phase (Hollung *et al.*, 1997). L'expression des gènes de cystéine protéinase est en revanche caractéristique de la germination des embryons de palmier à huile (Aberlenc-Bertossi *et al.*, 2004).

6.5.2.1. L'acide abscissique

L'acide abscissique (ABA) et le potentiel osmotique, impliqués dans le contrôle de la maturation des embryons zygotiques, sont également essentiels dans celui des embryons somatiques (Attree *et al.*, 1995 ; Aberlenc-Bertossi, 2001). Cependant, pour un stade de développement équivalent, les taux d'ABA endogène dans l'embryon somatique sont bien inférieurs à ceux de l'embryon zygotique (Aberlenc-Bertossi, 2001).

L'influence de l'ABA au cours de la maturation des semences été établie chez de nombreuses plantes (Ellis *et al.*, 1991 ; Berjak *et al.*, 1993). D'après Heterington *et al.* (1991), le développement de l'embryon chez les graines s'accompagne, pendant la phase de maturation, par une augmentation des teneurs en ABA endogènes. Du reste, l'ABA est impliqué dans les processus de tolérance à la déshydratation des semences

(McKersie et al., 1994 ; Aberlenc-Bertossi, 2001). La déshydratation est corrélée à une diminution de la synthèse d'ADN et du métabolisme respiratoire (Léopold et al., 1989) et par la synthèse d'ABA (Ellis et al., 1991 ; Berjak et al., 1993).

Chez les embryons somatiques, les corrélations entre la présence d'ABA dans le milieu et la tolérance à la déshydratation ont été observées chez de nombreuses espèces, notamment le pin maritime (Tautorus et al., 1990), le manguier (Litz et al., 1993) et le palmier à huile (Aberlenc-Bertossi, 2001). Les embryons somatiques comparés aux embryons zygotiques sont pauvres en protéines de réserve dont l'apparition est régulée au niveau transcriptionnel et post-transcriptionnel (Krochko, 1992). Selon Striver et al. (1990), l'ABA régulerait l'expression des gènes impliqués dans la synthèse et la mobilisation des réserves qu'il s'agisse de protéines, de glucides ou de lipides. Selon les mêmes auteurs, l'inhibition précoce de la germination constitue un facteur susceptible de favoriser la maturation et un développement synchrone des embryons somatiques.

C'est pourquoi, différents types de traitements impliquant l'apport d'ABA exogène ont été utilisés afin d'optimiser le développement des embryons somatiques et leur conversion en plantules (Dodeman et al., 1997 ; Morcillo, 1998). Les traitements effectués pour des cultures de pin (Misra et al., 1993) et de palmier à huile (Aberlenc-Bertossi, 2001) ont permis, d'une part, d'améliorer la maturation et d'inhiber la germination précoce et, d'autre part, d'augmenter considérablement le taux de régénération.

Selon Afele et al. (1992) l'effet de l'ABA dépend des concentrations d'auxines et de cytokinines utilisées dans les milieux d'induction. Un faible rapport auxines/cytokinines dans le milieu d'induction favoriserait une accumulation plus importante d'acide abscissique, par conséquent une maturation plus rapide.

Taji et al. (2002) ont pu établir chez *Arabidopsis thaliana* que l'ABA modifie le métabolisme des sucres des embryons somatiques. En effet, cultivés en présence d'ABA, les teneurs en monosaccharides diminuent alors que les teneurs en saccharose et en oligosaccharides augmentent.

Les gènes impliqués dans la régulation des étapes tardives de l'embryogenèse somatique ont fait l'objet de recherches approfondies (Corre, 1995 ; Dong et al., 1996 ;

Schlereth *et al.*, 2000 ; Downie *et al.*, 2003 ; Zhao *et al.*, 2004 ; Panikulangara *et al.*, 2004 ; Aberlenc-Bertossi *et al*, 2006).

L'expression des gènes au cours de la stimulation de la maturation des embryons somatiques par l'ABA a été étudiée chez *Picea glauca* par criblage différentiel. Dunstan et Dong (2000) ont pu ainsi identifier chez cette espèce des séquences présentant des homologies avec des gènes codant pour différentes protéines notamment des protéines de réserves et des protéines LEA. Le gène *ABI3*, décrit par Wobus *et al.* (1999), code pour des facteurs de transcription intervenant dans la voie de réponse à l'ABA contrôlant des processus majeurs de la maturation chez *Arabidopsis thaliana*. Les travaux de Uno *et al.* (2002) et ceux de Shinozaki *et al.* (2003) ont mis en évidence par macro-array des gènes induits par le stress hydrique ainsi que leur réseau de régulation chez *Arabidopsis thaliana*. Ces auteurs ont décrit parmi ces gènes, le gène *AREB3* qui est un facteur de transcription à domaine bZIP interagissant avec des motifs de type ABRE (ABA Responsive Element).

6.5.2.2. La déshydratation

La présence des agents osmotiques dans le milieu de culture modifie le potentiel hydrique et favorise la maturation des embryons somatiques (Yeung, 1995). Selon la nature et la taille des molécules de ces agents, différents types de stress sont observés (Attree et Fowke, 1993). Les composés de faibles poids moléculaires comme le saccharose ou le mannitol sont dits perméants parce que leur entrée dans les cellules s'accompagne d'une sortie d'eau conduisant à une plasmolyse. Après une incubation prolongée, la pénétration de ces composés dans les cellules est compensée par une entrée d'eau favorisant ainsi la déplasmolyse. A l'inverse, les composés de hauts poids moléculaire comme le polyéthylène glycol provoquent une sortie d'eau mais ne traversent pas les parois cellulaires. A concentrations très élevées, ces composés dits non perméants provoquent une sortie d'eau importante pouvant induire, comme dans le cas de stress hydrique, un effondrement des parois ou cytorrhisis (Attree et Fowke, 1993). Les agents osmotiques entraînent une inhibition de la croissance des cellules dans de nombreux types de cultures (Georges et Sherrington, 1984). D'un point de vue métabolique, tous les agents osmotiques ne sont pas équivalents. En effet, à la différence du mannitol peu ou pas métabolisé par les tissus végétaux (Cram, 1984), le saccharose est hydrolysé et représente la principale source de carbone des tissus végétaux cultivés *in vitro* (George et Sherrington, 1984).

Des méthodes de déshydratation plus ou moins rapides ont également été utilisées afin d'améliorer la maturation des embryons somatiques. La dessiccation lente en atmosphère à humidité relative décroissante permet de déshydrater des embryons de carotte jusqu'à 0,05 gH_2O g^{-1} MS en 7 jours (Tetteroo *et al.*, 1995). La dessiccation rapide dans des enceintes contenant du gel de silice a été particulièrement utilisée pour réduire la teneur en eau d'organes destinés à la cryoconservation (Dumet *et al.*, 1994). Chez la carotte, la teneur en eau des embryons somatiques ainsi déshydratés atteint 0,11 g $H2O$ g^{-1} MS en quelques heures (Iida *et al.*, 1992). La déshydratation améliore la germination des embryons somatiques de blé (Carmen, 1988), d'épinette (Attree *et al.*, 1992) et de mélèze (Dronne *et al.*, 1997). Chez ces derniers, une diminution des teneurs endogènes en ABA et en ABA-glucose ester favoriserait leur germination (Dronne *et al.*, 1997).

6.5.2.3. La tolérance à la dessiccation

Le stade de développement des embryons somatiques, l'ABA et les modes de déshydratation et de réhydratation sont des facteurs déterminants dans l'acquisition de la tolérance complète à la dessiccation (Tetteroo *et al.*, 1995).
Iida *et al.* (1992) puis Mc Kersie et Van Acker (1994) ont pu induire une tolérance complète à la dessiccation respectivement chez la carotte et la luzerne. La modification du métabolisme des sucres observée chez les embryons de carotte et de luzerne traités à l'ABA suggère l'implication des carbohydrates dans leur tolérance à la dessiccation (Tetteroo *et al.*, 1994). De même, la réduction de l'activité respiratoire des embryons de carotte sous l'effet de l'ABA serait liée à leur tolérance à la dessiccation. La réduction de la respiration induirait une diminution du taux de radicaux libres ce qui préviendrait la perte de la viabilité (Tetteroo *et al.*, 1995).

6.5.2.4. L'accumulation des substances de réserve

Des réserves principalement protéiques, glucidiques et lipidiques ont été identifiées dans des embryons somatiques (Merkle *et al.*, 1995 ; Morcillo, 1998 ; Aberlenc-Bertossi, 2001, Sané *et al.*, 2006). L'accumulation de substances de réserves serait un bon indicateur de la qualité des embryons et de la vigueur des plantes régénérées. L'ABA et le PEG stimulent la biosynthèse de triacylglycérol et de protéines de réserves conduisant à une structure et à une distribution des corps protéiques et lipidiques des embryons somatiques similaires à ceux des embryons zygotiques matures (Attree *et al.*, 1992). Le PEG inhibe d'autre part la dégradation des polypeptides de réserve au cours de la dessiccation (Misra *et al.*, 1993). Chez le palmier à huile, Morcillo *et al.* (1998) ont montré que les globulines et les albumines, qui correspondent aux protéines de réserves accumulées chez les embryons zygotiques, se rencontrent également chez les embryons somatiques mais à des quantités environ 80 fois moins importantes. L'arginine, la glutamine, l'ABA et le saccharose augmentent légèrement les teneurs en globulines dans les embryons somatiques chez cette espèce.

6.5.2.5. Mécanismes de tolérance à la déshydratation

Des mécanismes de protection contre les lésions provoquées par les pertes en eau ont été signalés chez certains végétaux (pour une revue voir Pammenter et Berjak, 1999). Ces mécanismes de tolérance sont basés sur le remplacement de l'eau par des molécules formant des liaisons hydrogène (Hoekstra *et al.*, 2001).

Les sucres peuvent jouer ce rôle clé lors d'un stress hydrique. L'accumulation de sucres appartenant à la famille des raffinoses (Koster et Leopold, 1988 ; Castillo *et al.*, 1990 ; Brenac *et al.*, 1997 ; Corbineau *et al.*, 2000 ; Bailly *et al.*, 2001 ; Taji *et al.*, 2002) et/ou des galactosyl cyclitols (Horbowicz et Obendorf, 1994 ; Obendorf, 1997) serait impliqués dans la tolérance à la dessiccation en prenant la place de l'eau associée à la surface des membranes de façon à les stabiliser. Lors de la perte en eau, le saccharose et certains oligosaccharides ou galactosyl cyclitols en augmentant très fortement la viscosité intracellulaire permettent la vitrification. Cet état vitreux aurait pour effet de stabiliser l'activité intracellulaire, de protéger les macromolécules de la dénaturation et de limiter la transition de phase des lipides (Léopold *et al.*, 1994 ; Obendorf, 1997).

L'acquisition de la tolérance à la déshydratation chez les semences orthodoxes est également associée à la synthèse des protéines spécifiques telles que les protéines LEA et les protéines de choc thermique (HSP) (Hoekstra *et al.*, 2001). Les protéines LEA présentent une structure riche en résidus polaire qui leur permettraient de participer avec les molécules d'eau cohésives à la formation d'une couche autour des macromolécules. Au cours de la déshydratation, ces protéines interagiraient directement, par l'intermédiaire de leurs résidus hydroxylés, avec les groupes à la surface des protéines par un phénomène que Cuming (1999) appelle le remplacement de l'eau. Les protéines HSP sont capables de maintenir la structure des protéines en minimisant leur agrégation (Hoekstra *et al.*, 2001).

6.5.2.6. Les protéines LEA

Au début des années 80, une nouvelle classe de protéines synthétisées spécifiquement dans l'embryon a été identifiée chez le coton (Galau et Dure III, 1981). Ces protéines ont été appelées LEA (Late Embryogenesis Abundant) puisque d'une part, leur expression débute souvent après celle des protéines de réserve (Late) et que d'autre part, elles constituent une fraction importante (Abundant) des protéines totales de l'embryon mature de coton (Embryogenesis). Des protéines de type LEA ont ensuite été mises en évidence chez les embryons matures tant chez des plantes monocotylédones (Williams et Tsang, 1991 ; Litts *et al.*, 1992 ; Furter *et al.*, 1993 ; Xu et al., 1996 ; Dodeman *et al.*, 1997 ; Aberlenc-Bertossi et al., 2006) que dicotylédones (Raynal *et al.*, 1989 ; Almoguera *et al.*, 1992 ; Calvo *et al.*, 1994).

Les protéines LEA, généralement fortement accumulées pendant la maturation des graines et dans les tissus végétatifs exposés aux stress hydrique, salin et au froid, seraient impliquées dans le maintien des composants cellulaires et notamment de la structure des protéines pendant la déshydratation (Close, 1996 ; Wise *et al.*, 2003 ; Hong-Bo *et al.*, 2005).

Les protéines LEA sont majoritairement composées d'acides aminés hydrophiles ordonnés en séquences répétées. Sur la base des similarités de séquences, les protéines LEA ont été divisées en cinq groupes (Dure III *et al.*, 1989 ; Wise *et al.*, 2003). Les protéines du groupe 1 auquel appartiennent les protéines Em (early methionine-labeled protein), possèdent le motif «Small Hydrophilic Plant Seed Protein » (Wise *et al.*, 2003). Les protéines du groupe 2 correspondent aux dehydrines (dehydration-induced proteins) et possèdent les motifs Y, S, K (Campbell et Close, 1997). Les protéines du groupe 3 possèdent des motifs répétés de 11 acides aminés qui forment des structures en hélices amphypathiques (Hong-Bo *et al.*, 2005). Les protéines des groupes 4 et 5 formeraient également des hélices dans leurs parties N-terminales.

Analyse bibliographique

Toutefois, même si chaque groupe de protéines LEA comporte des spécificités, la séquence primaire de cette classe protéique est globalement caractérisée par une richesse en acides aminés chargés et une très forte hydrophilicité ce qui la différencie des protéines de réserve (Baker *et al.*, 1988).

De nombreux travaux mettant en évidence une corrélation positive entre l'expression de gènes de protéines LEA et l'adaptation à la déshydratation ont été rapportés (Close, 1996). De plus, le rôle protecteur des protéines LEA chez les plantes soumises au stress hydrique a été clairement montré par la surexpression de la protéine HVA1 chez le riz (Xu *et al.*, 1996).

Les protéines déhydrines joueraient un rôle de surfactant et préviendraient la coagulation des macromolécules, participant ainsi au maintien de leur intégrité (Close *et al.*, 1989). D'après les propriétés physico chimiques d'une protéine Em de blé, Cuming and Lane (1979) ont proposé que les protéines Em soient impliquées dans le maintien d'un taux d'hydratation minimal permettant la protection du contenu cellulaire dans les semences déshydratées. Des travaux récents réalisés chez *Arabidopsis thaliana* ont montré que les graines des mutants knockout chez lesquels il existe une surexpression du gène ATEM6 présentent une déshydratation et une maturation précoce (Manfre *et al.*, 2006). L'une des fonctions des protéines Em seraient ainsi de réguler la perte en eau intervenant pendant la maturation de l'embryon.

Néanmoins, des travaux complémentaires s'avèrent nécessaires pour mettre en évidence le mode d'action des protéines LEA.

6.5.2.7. Fonctions biologiques des protéines LEA

Les modes de régulation des protéines LEA, leur structure et leur localisation cellulaire dans l'embryon ont conduit à associer à cette classe de protéines particulières plusieurs fonctions biologiques putatives (Hong-Bo *et al.*, 2005).

La régulation de l'expression de l'ensemble des protéines LEA et les prédictions faites sur leur fonction putative ont dans un premier temps, conduit à imaginer un rôle biologique lié à la protection des cellules vis-à-vis de la déshydratation (Bray, 1993). Selon ces critères, les protéines du groupe 1 seraient capables de fixer des molécules

Analyse bibliographique

d'eau donc de maintenir un taux hydrique minimum dans la cellule. Les protéines du groupe 2 pourraient, quant à elles, protéger les structures protéiques auxquelles elles seraient capables de s'associer et enfin, les protéines des groupes 3, 4 et 5 auraient pour rôle de piéger les ions en solution si leurs concentrations augmentent lors du stress hydrique. De plus, certaines de ces protéines ont été détectées dans les zones méristématiques et dans les tissus provasculaires, régions vitales pour l'embryon, et/ou à la périphérie de l'embryon, région particulièrement vulnérable (Gaubier *et al.*, 1993 ; Goday *et al.*, 1994).

La localisation cytosolique associée à des études hydrodynamiques et optiques du peptide Em (Early-methionine) ont conduit Cubbin et kay (1985) à proposer une fonction osmoprotectrice des protéines LEA qui permettraient le maintien d'un taux hydrique minimum dans les cellules de l'embryon au cours de la déshydratation de la graine. L'expression des gènes LEA dans les plantules déshydratées conforte l'hypothèse d'un rôle adaptatif pour ces protéines. En effet, chez le blé, seuls les organes qui expriment les ARNm LEA et les protéines correspondantes survivent à la déshydratation (Ried et Walker-Simmons, 1993). Par contre dans d'autre cas, la présence de protéines LEA dans les tissus stressés n'est pas associée à la tolérance à la dessiccation (Bradford et Chandler, 1992). Les protéines LEA sont peut-être actives dans l'acquisition de la tolérance au stress dans un contexte particulier, c'est-à-dire en présence d'autres composés induits lors du stress, comme par exemple, des osmolytes ou des glucides permettant également de réduire les pertes en eau (Yamaguchi-Shinozaki *et al.*, 1992 ; Black *et al.*, 1996 ; Bailly *et al.*, 2001, Taji *et al.*, 2002).

6.5.2.8. Modes de régulation de l'expression des gènes LEA au cours du développement embryonnaire

La synthèse des ARNm et de protéines LEA au cours du développement *in vivo* de l'embryon a souvent été corrélée au pic d'accumulation d'ABA endogène, suggérant fortement que cette hormone pouvait jouer un rôle clé dans la régulation de cette classe de gènes (Almoguera et Jordano, 1992 ; Williams et Tsang, 1994). De plus, un traitement à l'ABA est capable d'induire l'expression de gènes LEA aussi bien chez des embryons immatures cultivés *in vitro* que chez des tissus végétatifs (Williams et Tsang, 1991 ; Roberton et Chandler, 1992). Enfin, les embryons provenant de plantes déficientes ou insensibles à l'ABA présentent une réduction voire une inhibition totale de l'expression de certains gènes LEA (Parcy *et al.*, 1994 ; Paiva et Kriz, 1994).

Toutefois, plusieurs autres études ont suggéré l'existence de voies de régulation indépendantes de l'hormone ou nécessitant une action concertée de différents signaux de régulation. En effet, l'analyse de l'expression de certains gènes LEA a montré que la cinétique d'accumulation des ARNm correspondants pouvait, dans certains cas, ne pas être exactement corrélée à l'évolution du taux d'ABA endogène (Wiliams et Tsang, 1994 ; Parcy *et al.*, 1994). De plus, l'étude simultanée de la régulation de plusieurs gènes LEA au cours du développement embryonnaire a également révélé l'existence d'une grande diversité entre les cinétiques d'accumulation de leurs transcrits (Espelund *et al.*, 1992 ; Gaubier *et al.*, 1993 ; Williams et Tsang, 1994). Enfin, Thomann *et al.* (1992) puis Villardell *et al.* (1994) ont montré, chez des mutants déficients ou insensibles à l'ABA, l'existence de différentes voies de régulation soit indépendantes soit dépendantes de la présence d'ABA.

Si la nature des signaux de régulation inducteurs ou activateurs reste encore obscure, il semble cependant clair que le niveau d'ABA endogène ne représente pas le seul facteur responsable de l'expression des ces gènes dans les tissus embryogènes. Plusieurs équipes ont d'ailleurs montré que les réponses cellulaires à l'ABA pouvaient dépendre étroitement de deux paramètres, la concentration d'hormone et la sensibilité des cellules, lesquels varient au cours du développement et en fonction de différents facteurs tels que la pression osmotique de la cellule, la présence de récepteurs, de messagers secondaires et de facteurs de transcription inducteurs des gènes régulés par l'hormone (Kermode, 1990 ; Xu et Bewley, 1991 ; Hetherington et Quatrano, 1991).

L'influence du stress hydrique liée aux premiers signes de la dessiccation de la graine semble, dans certains cas, pouvoir jouer un rôle au moins aussi important que celui de l'ABA sur l'expression de certains gènes LEA au cours du développement de l'embryon. En effet, la chute du taux d'ABA endogène de l'embryon coïncide avec le début de la dessiccation et l'accumulation de certains ARNm LEA (Williams et Tsang, 1994 ; Parcy *et al.*, 1994). De plus, les gènes LEA sont inductibles en cas de stress hydrique dans des tissus végétatifs ou dans des embryons immatures sans augmentation du niveau endogène d'ABA (Skriver et Mundy, 1990).

Toutefois, si le rôle de l'ABA en tant que seul facteur inducteur de l'expression des gènes LEA est remis en question, ces résultats ne contestent pas que l'hormone puisse représenter un facteur activateur de l'expression de ces gènes.

6.5.2.9. Mise en évidence de l'expression des gènes LEA au cours de l'embryogenèse somatique

La mise en évidence de protéines LEA au cours du processus de l'embryogenèse zygotique et leur classification en plusieurs groupes par Dure III *et al.* (1989) ont conduit à montrer que les marqueurs moléculaires spécifiques de la morphogenèse des embryons somatiques appartenaient à la même famille de protéines. Les protéines DC3 et DC8, identifiées dans les embryons somatiques de carotte de stades globulaire et torpille présentent par exemple une séquence primaire caractéristique des protéines LEA du groupe 3. Les messagers des gènes DC3 et DC8 ont ensuite été identifiés lors de la morphogenèse des embryons zygotiques (Wilde *et al.*, 1988 ; Vivekanda *et al.*, 1992). L'expression des gènes LEA dans les deux types d'embryogenèse suggère fortement leur induction développementale, dans la mesure où les embryons somatiques ne sont pas soumis à la dessiccation. L'expression de ces gènes à des stades particulièrement précoces chez les embryons somatiques est en accord avec le mode de développement de ce type d'embryons. En effet, n'entrant pas en dormance, ils entament leur germination directement après la morphogenèse. Enfin, le système somatique révèle par comparaison avec le système zygotique, que les signaux liés à l'expression de ces gènes sont probablement en grande majorité intrinsèques à l'embryon donc liés au développement.

Par la suite, des représentants de chacun des groupes de gènes LEA ont été identifiés chez les cultures embryogènes. Ainsi chez la carotte, un gène du groupe 1 (EMB-1) est exprimé dans les embryons somatiques des stades globulaire, cœur et torpille (Wurtele *et al.*, 1993) alors que des ARNm LEA des groupes 2 et 3 sont identifiés essentiellement dans les proembryons et plus faiblement dans les embryons de stades globulaire, cœur et torpille (Kiyosue *et al.*, 1993).

L'ensemble de ces résultats a également permis d'appréhender différemment la régulation des gènes LEA au cours de l'embryogenèse. En effet, les différences existant entre les cinétiques d'expression des gènes LEA des différents groupes au cours du développement des embryons somatiques montrent que chacun d'eux est potentiellement régulé par des facteurs qui lui sont spécifiques, même s'il partagent des facteurs de régulation communs tel que l'ABA (Goupil *et al.*, 1992 ; Vekanda *et al.*, 1992). De plus, la localisation *in situ* des ARNm codant pour les protéines LEA montre que, même si leur cinétique de transcription diffère quelque peu, les profils de transcription tissulaire sont, pour par exemple le gène EMB-1, tout à fait semblables chez les embryons obtenus *in planta* ou *in vitro*. En effet, l'ARNm est bien accumulé dans les méristèmes apicaux et racinaires avec une expression sensiblement plus faible dans les embryons d'origine somatique (Wurtele *et al.*, 1993). La différence existant entre les niveaux d'expression zygotique et somatique peut être expliquée par l'absence de certains signaux maternels dans les cultures *in vitro*. Par conséquent, l'expression des gènes LEA pourrait être gouvernée non seulement par des signaux intrinsèques donc "embryogène-spécifiques" mais également par des signaux maternels.

La grande majorité des ADNc codant pour des protéines LEA ont été identifiés au cours de l'embryogenèse somatique chez la carotte (Ulrich *et al.*, 1990 ; Goupil *et al.*, 1992 ; Kiyosue *et al.*, 1993). Par la suite, plusieurs études ont permis d'identifier des ADNc correspondant à des gènes des groupes 1 et 2 chez les systèmes embryogènes de digitale, de tabac et de palmier à huile (Espelund *et al.*, 1992 ; Campbell *et al.*, 1997 ; Aberlenc-Bertossi *et al.*, 2006) et du groupe 3 (Reinbothe *et al.*, 1992a et b ; Pupponen-Pimia *et al.*, 1993) au cours du développement embryonnaire chez le bouleau.

Les facteurs impliqués dans la régulation des étapes tardives de l'embryogenèse ont donc été identifiés comme étant principalement l'acide abscissique (ABA) et le potentiel hydrique (Kermode, 1995). Chez le palmier à huile, l'amélioration de la qualité des embryons somatiques par l'induction d'une maturation et d'une tolérance à la dessiccation partielles peuvent être obtenus par des traitements à l'acide abscissique et un agent osmotique tel que le saccharose (Aberlenc-Bertossi *et al.*, 2001 ; Morcillo *et al.*, 2001). Les données acquises chez les plantes modèles ont donc permis d'identifier des marqueurs des étapes tardives de l'embryogenèse qui constituent des indicateurs potentiels de la qualité des embryons ainsi que des facteurs impliqués dans leur régulation.

7. Culture *in vitro* et conformité

L'existence de variants somaclonaux parmi les plantes propagées *in vitro*, notamment par l'intermédiaire d'une phase indifférenciée (passage par un stade cal), a été observée depuis longtemps et largement discutée (Murashige, 1974 ; Larkin *et al.*, 1981 ; Meins, 1983 ; Demarly et Sibi, 1989 ; Phillips *et al.*, 1991). Ces études ont mis en évidence une grande diversité de types de variations. Celles-ci résulteraient de l'expression instable de gènes, d'extinction ou de réactivation de gènes, d'activation de transposons qui en s'insérant en des points particuliers du chromosome, annulent ou modifient l'expression d'un gène (Peschke *et al.*, 1991).

De nombreuses hypothèses ont été énoncées pour identifier les facteurs responsables de ces variations. Dans certains cas, des modifications caryotypiques provoquées par les changements de niveau de ploïdie fréquents chez les végétaux (Mouras *et al.*, 1990), peuvent influencer la fréquence et la nature des variations obtenues (Jacobsen, 1981 ; Karp *et al.*, 1984 ; Fish *et al.*, 1986). Dans d'autres cas, on assisterait à une dérive progressive des tissus en culture (Meins *et al.*, 1977 ; Varga *et al.*, 1988 ; Besse *et al.*, 1992). De telles observations laissent supposer que les mécanismes moléculaires impliqués dans les diverses régulations sont de nature génétique (Parfitt *et al.*, 1987) ou épigénétique (George *et al.*, 1984).

L'analyse du niveau de ploïdie sur des régénérants de *Triticum aestivum* qui est une espèce hexaploïde à $2n = 6x = 42$ (Ahmed *et al.*, 1993), a révélé que 52% des cellules d'une suspension cellulaire sont devenues aneuploïdes avec un nombre de chromosomes variant entre 30 et 35. Ces variations du nombre de chromosomes se retrouvent également chez les plants régénérés. Chez ces plantes, 80% des cellules des apex racinaires sont aneuploïdes et peuvent présenter un nombre de chromosomes compris entre 26 et 42 chromosomes et seulement 27% de ces cellules ont présenté un caryotype caractéristique de l'espèce. De telles aberrations chromosomiques entraînent des perturbations physiologiques particulièrement au niveau du système racinaire. Elles seraient, de toute évidence, responsables de la faible viabilité des plantes régénérées, dont 70% meurent au bout de 4 mois de sevrage, le reste n'atteignant jamais la maturité.

L'analyse de la taille du génome au cours de l'embryogenèse somatique a fait l'objet de peu d'études chez les arbres. A notre connaissance, seules trois études se sont intéressées à l'analyse de la ploïdie sur des régénérants de conifères (Lelu, 1987 ;

Schuller et al., 1989 ; Mo et al., 1989). Ainsi, chez *Picea abies* qui est une espèce diploïde, Mo et al. (1989) ont montré en utilisant deux caractères cytogénétiques (nombre de chromosomes et quantité d'ADN nucléaire) que les cals demeuraient génétiquement stables jusqu'à la 4ème subculture. Toutefois, l'apparition de variations somaclonales a été décrite chez cette espèce par Lelu (1987) : l'analyse du niveau de ploïdie révèle, en effet, que 17% des embryoïdes présentent des cellules tétraploïdes. Il n'en demeure pas moins, cependant, que les conifères présentent généralement, une très grande stabilité génétique *in vitro*, comparés aux Angiospermes (Bayliss, 1980).

Chez les Angiospermes, l'analyse des variations du génome au cours de l'embryogenèse somatique a été très peu étudiée. Sur le maïs, Novak et al. (1988) ont montré en analysant des caractères morphologiques, que l'embryogenèse somatique provoque une augmentation de la fréquence des mutations et ce, de façon plus nette que les rayons ionisants. Selon Barwale et Widholm (1987), l'application de la technique de l'embryogenèse sur *Glycine max*, provoquerait des taux de mutation de l'ordre de 4.10^{-2} ; une partie de ces mutations étant transmise à la descendance par voie sexuée. Chez *l'Acacia nilotica*, l'estimation de la quantité d'ADN nucléaire sur des embryons somatiques triploïdes a révélé qu'ils sont demeurés génétiquement stables par rapport aux explants primaires mis en culture (Garg et al., 1996). En revanche, Borgel et al. (1998) ont révélé la présence de lignées cellulaires aneuploïdes sur des cultures embryogènes d'*Acacia nilotica adstringens*, d'*A. nilotica tomentosa* et d'*A. tortilis raddiana*, mais les taux de variation observés sont de l'ordre de 4% des effectifs cultivés. Toutefois, l'analyse du niveau de ploïdie réalisée sur des vitroplants obtenus à partir de suspensions cellulaires de palmier dattier a révélé qu'ils sont demeurés génétiquement stables au fil des subcultures (Fki et al., 2003).

La composition des milieux de culture et l'équilibre hormonal des milieux demeurent les facteurs primordiaux pour l'obtention d'un matériel conforme, même en culture de bourgeons axillaires. Par exemple, dans certaines conditions, des phénomènes d'accoutumance liés au nombre de subcultures ont été observés. Ainsi, dans certains cas, le port de la plante et sa physiologie sont modifiés (Boxus, 1989) alors que dans d'autres, ces modifications interviennent au niveau hormonal endogène des tissus (Besse et al., 1991), ou des spectres isoenzymatiques (Brettel et al., 1986). Tous ces paramètres peuvent être affectés simultanément ou indépendamment les uns des autres.

Ainsi, chez la canne à sucre, plusieurs types de variants isozymiques ont été mis en évidence chez des plants présentant des phénotypes de départ identiques (Moore et Collins, 1983).

Chez le palmier à huile, Corley *et al.* (1986) font état d'un problème d'anomalie de la floraison des plants issus de la culture *in vitro*. Celle-ci est caractérisée par une féminisation de la partie mâle des fleurs. Les fleurs mâles anormales présentent des étamines qui forment des pseudo carpelles charnus incapables de produire du pollen. Chez les fleurs femelles, les staminodes se développent en pseudo carpelles. Durand Gasselin *et al.* (1990) estiment à 3,1% la fréquence d'apparition de l'anomalie florale et font remarquer que cette valeur est proche de celle des individus improductifs recensés dans une plantation de palmiers issus de graines. Cependant la variabilité très importante de l'expression de cette anomalie, d'un clone à l'autre, a conduit à essayer d'élucider son origine. Les observations suggèrent une origine épigénétique de l'anomalie, se manifestant par une perturbation des régulateurs endogènes de croissance (Jones et Hugues, 1989). Les dosages des hormones endogènes ont montré qu'un type de cal, à croissance rapide, et générant 100% de plants anormaux, présente un déficit important en cytokinines par rapport aux cals utilisés en condition standard (Besse *et al.*, 1991). En outre, les travaux de Tregear *et al.* (2002) puis ceux de Tranbarger *et al.* (2005) ont montré que l'hypométhylation du génome, sous l'influence du 2,4-D, peut perturber l'état épigénétique des cellules cultivées *in vitro* et modifier l'expression du génome ce qui peut conduire plus tard à des anomalies du développement (Adam *et al.* (2005). En fait, cette modification épigénétique pourrait également être associée à des variations somaclonales observées ultérieurement au cours du développement des plants régénérés par ce procédé d'embryogenèse somatique (Jaligot *et al.*, 2000).

L'approfondissement des connaissances sur l'origine moléculaire des vitrovariations devrait permettre de disposer dans un avenir proche de marqueurs précoces de la conformité et de garantir ainsi la conformité des plants régénérés (Morcillo *et al.*, 2005). La micropropagation correspond donc à un processus biologique complexe et délicat. Compte tenu des nombreux paramètres qu'elle fait intervenir et la nécessité de les maîtriser en même temps, elle doit être menée avec beaucoup de rigueur et de précision pour garantir l'indispensable conformité.

8. Intérêt des suspensions cellulaires pour la micropropagation par embryogenèse somatique

Les cultures cellulaires en suspension dans un milieu liquide constituent un outil de choix **(i)** pour toutes les études physiologiques, biochimiques et enzymologiques sur la nutrition et le métabolisme de cellules privées de corrélation, **(ii)** pour la production de métabolites secondaires (Steck et Pétiard, 1985) et **(iii)** pour la micropropagation des espèces. Le dernier point retiendra plus particulièrement notre attention.

C'est à partir d'une suspension cellulaire de carotte que Steward *et al.* (1958) et Reinert (1958) ont mis en évidence pour la première fois le phénomène d'embryogenèse somatique. Cette voie permet maintenant de régénérer de nombreuses espèces d'angiospermes et de gymnospermes en milieu liquide et/ou gélosé (pour une revue, voir Thorpe (1988)). Parmi les monocotylédones dont la régénération à partir de suspensions cellulaires a été réalisée avec succès, on peut citer l'asperge (Steward et Mapes, 1971), l'igname (Ammirato, 1978) et le lys (Krikorian et Kann, 1981) ; chez les graminées : le millet (Vasil et Vasil, 1981), le Panicum (Lu et Vasil, 1981), la canne à sucre (Ho et Vasil, 1983), le dactyle (Gray *et al.*, 1984), le maïs (Vasil et Vasil, 1986), le riz (Ozawa et Komamine, 1989) et le blé (Vasil et al, 1990) ; et chez les monocotylédones pérennes : le bananier (Novak *et al.*, 1989), le palmier à huile (de Touchet *et al.*, 1991, Aberlenc-Bertossi *et al.*, 1999) et le palmier dattier (Fki *et al.*, 2003 ; Zouine *et al.*, 2005 ; Sané *et al.*, 2004 et 2006).

Avec la mise en place de suspensions cellulaires, deux objectifs sont recherchés. De nombreuses suspensions cellulaires notamment de monocotylédones, ont été initiées en vue de développer les techniques de génie génétique. Vasil et Vasil (1991) ont affirmé que les suspensions embryogènes fournissent les seules cellules dont les protoplastes sont totipotents chez les graminées. Ces auteurs soutiennent que les plantes régénérées à partir de protoplastes proviennent des espèces pour lesquelles une suspension embryogène a été préalablement établie. D'autre part, la souplesse du système et la promesse de rendements élevés d'individus génétiquement identiques ont permis d'envisager la production à grande échelle d'embryons de plantes difficiles à reproduire par voie sexuée ou pour lesquelles le coût de la micropropagation *in vitro* est trop élevé (Nouailles et Pétiard, 1988).

Les stratégies pour la production à grande échelle d'embryons somatiques en suspension sont fondées sur les études sur la carotte. En effet, celle-ci est considérée comme la plante "modèle" (Ammirato et Styer, 1985), et constitue le matériel végétal de choix de la plupart des recherches sur la compréhension du phénomène d'embryogenèse somatique. Choi et Sung (1984) ont montré qu'une faible différence existe entre les protéines présentes dans les cellules embryogènes de carotte en suspension dans un milieu contenant du 2,4-D et les embryons somatiques. Ces résultats ont été par la suite confirmés par Wilde *et al.* (1988) qui ont trouvé des marqueurs protéiques de l'embryogenèse. En étudiant l'acquisition du potentiel embryogène dans une suspension, de Vries *et al.* (1988) ont pu montrer que des glycoprotéines contrôlées par le 2,4-D sont déterminantes pour la production d'embryons. Borkird *et al.* (1988) ont montré que des gènes impliqués dans l'embryogenèse somatique étaient également exprimés dans le cadre de l'embryogenèse zygotique.

Nomura et Komamine (1985) ont établi un système dans lequel des cellules isolées de carotte se différencient en embryons avec une fréquence élevée (90%). Cette équipe a montré que la présence de 2,4-D dans le milieu est nécessaire pour que les cellules embryogènes compétentes forment de petits amas, mais que le 2,4-D était un inhibiteur des phases suivantes de l'embryogenèse (Komamine *et al.*, 1990). Ces mêmes auteurs ont mis en évidence, au cours de la formation de l'embryon, trois protéines dans les cellules isolées compétentes ; ces protéines disparaissent quand les cellules perdent leur totipotence.

Le système somatique apparaît donc particulièrement intéressant pour manipuler les conditions en vue d'une meilleure compréhension des rôles respectifs des différentes hormones ou facteurs impliqués au cours du développement embryonnaire.

9. L'embryogenèse somatique chez le palmier dattier

La multiplication végétative du palmier dattier par embryogenèse somatique a été mise au point à la fin des années 1970 avec les travaux de Reuveni (1979), Reynolds et Murashige (1979), Tisserat (1979) et Tisserat et DeMason (1980) à partir d'embryons zygotiques, de bourgeons axillaires et de feuilles immatures. Drira et Benbadis (1985) rapportent la réversion de boutons floraux femelles en bourgeons végétatifs permettant aussi une multiplication végétative. La culture de la zone apicale du bourgeon terminal de rejet (Rhiss *et al.*, 1979 ; Poulain *et al.*, 1979) ou de semis (Gabr et Tisserat, 1985) conduit à la formation de bourgeons axillaires utilisés pour le clonage *in vitro*. L'analyse histologique de cals embryogènes obtenus à partir d'embryons zygotiques cultivés sur milieux semi-solides a permis à Tisserat et DeMason (1980) de décrire l'origine unicellulaire des embryons somatiques de dattier.

Au début des années 90, seuls deux laboratoires au niveau mondial, l'un en France et l'autre au Maroc, produisaient à une échelle expérimentale des vitroplants de dattier par prolifération de bourgeons axillaires (Dublin *et al.*, 1991). Aujourd'hui, compte tenu de l'enjeu économique de l'espèce, des laboratoires privés ayant des capacités annuelles de production de plusieurs centaines de milliers de vitroplants ont vu le jour, surtout dans les Emirats Arabes Unis (Zaid, communication personnelle).

Cependant, malgré l'amélioration des protocoles de régénération par embryogenèse somatique chez le palmier dattier (Huong *et al.*, 1999), les recherches se sont heurtées à la longueur du temps de réponse des tissus *in vitro* tant pour la callogenèse que pour la régénération (Tisserat, 1987 et 1988).

Sur milieux semi solides, les procédés de régénération présentent des limites de plusieurs ordres faisant apparaître le caractère aléatoire de la callogenèse et de l'embryogenèse et le manque de synchronisation des cultures.

La callogenèse initiale qui correspond à la première étape du processus de régénération par la voie embryogène chez le palmier dattier apparaît très aléatoire. En effet, les travaux de Guèye *et al.* (2006) ont montré qu'il existe chez le palmier dattier une forte variabilité de la réponse à la callogenèse entre génotypes et même entre explant d'un même tissu. L'étude des facteurs de la réactivation des cellules somatiques au cours de la callogenèse initiale devrait permettre une meilleure maîtrise de cette étape clé de la régénération par la voie embryogène et par conséquent favoriser le clonage des génotypes d'intérêt.

Par ailleurs l'obtention des formations embryogènes n'est observée que sur un nombre limité de cals. De plus, la mise en place de cultures polyembryoniques à partir du matériel embryogène n'est pas toujours réalisée.

Le manque de synchronisation des cultures constitue également une contrainte majeure. En effet, les cals d'un même clone mis en culture puis isolés au même moment, peuvent devenir embryogènes entre 2 et 12 mois après leur passage en conditions embryogènes (Yatta *et al.*, 2006), ce qui oblige à conserver et à repiquer une quantité importante de matériel si l'on ne veut pas limiter le nombre de cals à l'origine d'un clone. Par ailleurs, après la mise place de la prolifération des embryons, différents stades de développement embryonnaire sont observés sur les massifs obtenus et aucun synchronisme des cultures n'est réalisable. L'entretien d'un clone devient alors un travail lourd et fastidieux, renouvelé tous les mois. Cette opération représente une part importante dans le prix de revient du vitroplant, en raison du coût de la main d'œuvre (Drira, communication personnelle).

C'est pourquoi, au cours de ces dernières années, les recherches sont de plus en plus orientées vers l'optimisation des conditions de régénération de vitroplants de dattier à partir des suspensions cellulaires qui offrent non seulement d'énormes potentialités en terme de capacité de production (Daguin et Letouzé, 1988 ; Fki *et al.*, 2003 ; Zouine *et al.*, 2005 ; Sané *et al.*, 2004 et 2006) et de réduction importante du coût de la main d'œuvre mais également constituent une voie prometteuse pour l'amélioration génétique du palmier dattier (Chabane *et al.*, 2006).

A l'entame de notre travail de recherche sur l'embryogénèse somatique du palmier dattier, nous avions à l'esprit deux préoccupations majeures qui nous ont orienté vers la mise au point d'un système de régénération produisant des embryons de palmier dattier isolés en suspension. En effet, compte tenu des contraintes décrites ci-dessus, la connaissance précise de la séquence des événements cellulaires et physiologiques caractéristiques des différentes étapes de la régénération d'une part, et l'approfondissement des connaissances sur les événements biochimiques et moléculaires qui président les étapes tardives de l'embryogénèse somatique d'autre part, nous sont apparus indispensables pour une meilleure maîtrise du procédé de production d'embryons somatiques isolés chez le palmier dattier.

L'isolement des embryons qui conduit à la rupture des corrélations tissulaires et des compétitions qui peuvent régner dans la masse polyembryonique permet d'envisager, d'une part un développement synchrone et, d'autre part, un développement concomitant des deux pôles de l'embryon. La production en quantité d'embryons isolés tous au même stade de développement favoriserait les recherches fondamentales sur l'embryogenèse somatique et serait une étape de plus, franchie vers la création de semences artificielles chez le palmier dattier (Paquier, 2002).

Nos travaux sur la micropropagation du palmier dattier en milieu liquide sont regroupés en deux parties. Dans la première partie, nous présentons les conditions d'obtention et de culture des suspensions embryogènes, puis de régénération à partir de celles-ci. Dans la seconde partie relative à la recherche des conditions d'amélioration de la qualité des embryons somatiques, nous présentons les événements biochimiques et moléculaires caractéristiques des étapes tardives du développement des embryons somatiques en rapport avec les séquences des milieux de culture définis.

MATERIEL ET METHODES

Matériel et méthodes

1. Techniques de culture *in vitro*

1.1 Matériel végétal et préparation des explants

L'étude a été conduite à partir de graines issues d'individus de 4 variétés mauritaniennes, Ahmar, Amsekhsi, Tijib et Amaside, à floraison et fructification très précoces par rapport à la saison des pluies, sélectionnées directement dans les palmeraies de la région d'Atar en Mauritanie.

Les graines ont été stérilisées à l'H_2SO_4 à 96% pendant 10 min puis rincées à l'eau distillée stérile. Elles ont ensuite été imbibées dans de l'eau stérile pendant 24 h avant d'être mises à germer dans des tubes (25 x 150 mm) contenant 20 mL d'eau gélosée (8 g.L^{-1} d'agar) et placées en module éclairé (80 $\mu E.s^{-1}.m^{-2}$) avec une photopériode de 12h/12h, à la température constante de 27° ± 0,2 °C. Après 1 mois de culture, les segments d'apex de 0,5 cm de long, de feuilles de 1 cm de large et de racines de 1 cm de long des jeunes plants obtenus ont été prélevés et placés dans différentes conditions d'induction de la callogenèse (Figure 5).

1.2. Callogenèse primaire et secondaire

Pour chacun des 4 cultivars étudiés, 48 segments ont été utilisés par type d'explant (apex, feuilles et racines) et par condition de milieu. Les explants ont été placés sur un milieu de base composé de la solution minérale de Murashige et Skoog (1962), des vitamines de Morel et Wetmore (1951) et de 30 g.L^{-1} de saccharose. La composition de ce milieu est précisée en annexe 1. Ce milieu a été complémenté avec des concentrations croissantes d'acide 2,4-dichlorophenoxy-acétique (2,4-D) (1 mg.L^{-1}, 2 ; 4 ; 8 ; et 16 mg.L^{-1}) et d'acide naphtalène acétique (ANA) (2 et 4 mg.L^{-1}) utilisées seules ou combinées. Ces deux auxines ont été également associées à la benzyl amino purine (BAP) (1 mg.L^{-1}) ou à l'adénine sulfate (40 mg.L^{-1}) puis les différents milieux ont été solidifiés avec 8 g.L^{-1} d'agar (Difco Agar). L'effet de la composition hormonale a été évalué par comptage des cals obtenus après 2 mois de culture à l'obscurité à 27± 0,2 °C. Des cals primaires ont ensuite été prélevés et hachés au scalpel selon la méthode décrite par Teixeira *et al.* (1995), puis transférés sur le même milieu. Après un mois de culture, des cals secondaires obtenus à partir des cals primaires ont été utilisés pour l'installation des suspensions cellulaires. Ils ont été placés dans des fioles d'erlenmeyers

Matériel et méthodes

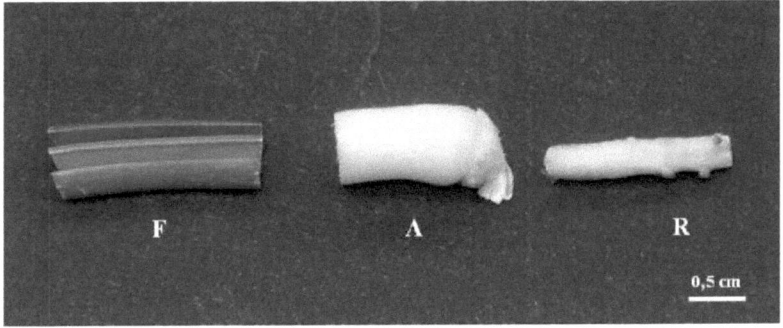

Figure 5 : Les différents types d'explants utilisés. (**F**) : explant foliaire, (**A**) : apex, (**R**) : explant racinaire.

Matériel et méthodes

en milieux liquides agités à 90 rpm en module éclairé (80 $\mu E.s^{-1}.m^{-2}$) avec une photopériode de 12h/12h, à la température constante de 27° ± 0,2°C.

1.3. Prolifération des suspensions cellulaires

Le procédé de régénération développé est adapté d'après les protocoles décrits par de Touchet *et al.* (1991) et Aberlenc-Bertossi *et al.* (1999) chez le palmier à huile.

A chaque subculture, un inoculum de 300 mg de culture en suspension est cultivé par erlenmeyer de 100 mL contenant 20 mL de milieu liquide de base MS modifié par Rabéchault et Martin (1976) par adjonction des micro-éléments de Nitsch et Nitsch (1965), du myo-inositol (100 $mg.L^{-1}$), de l'ascorbate de sodium (100 $mg.L^{-1}$), des vitamines de Morel et Wetmore (1951) et de glucose (20 $g.L^{-1}$). Leur composition est présentée en annexe 1. L'effet du 2,4-D, utilisé seul à la concentration de 2 $mg.L^{-1}$ ou en association avec 1 $g.L^{-1}$ de charbon actif à raison de 50 $mg.L^{-1}$, 75 et 100 $mg.L^{-1}$ a été évalué sur la croissance des suspensions, à partir de 5 répétitions par condition hormonale, par pesée de la masse de matière fraîche chaque mois pendant 4 subcultures.

1.4. Mesure du poids de matière fraîche des suspensions cellulaires

L'accroissement du poids de matière fraîche ainsi que le taux quotidien moyen de croissance des suspensions ont été déterminés à partir des milieux de prolifération précédemment définis. Pour chaque traitement, 5 erlenmeyers préalablement choisis au hasard sont analysés séparément afin d'estimer la croissance globale de la culture. Chaque erlenmeyer contient à T_0, 300 mg de suspensions ensemencées dans 20 mL de milieu liquide. Tous les 7 jours, ces suspensions sont pesées en conditions stériles, dans des boîtes de Petri stériles, préalablement tarées ; elles sont ensuite remises dans leur milieu d'origine. La croissance est suivie pendant 30 jours. Les valeurs caractéristiques pour les courbes de croissance sont :

- l'accroissement du poids de matière fraîche en pourcentage de la matière fraîche initiale, représenté par le rapport (($MF_t - Mf_i$) / Mf_i) x 100, où Mf_i et Mf_t représentent respectivement le poids de matière fraîche au temps 0 et le poids de matière fraîche au temps t ;

- le taux quotidien moyen de croissance pendant 30 jours, c'est-à-dire le rapport [($Mf_f - Mf_i$) / 30] où Mf_f représente le poids de matière fraîche.

- la vitesse de croissance des suspensions cellulaires définie par : V (mg / jour) = [(Pf$_{n+1}$ − Pf$_n$) / (t$_{n+1}$ − t$_n$)] ou Pf$_{n+1}$ et Pf$_n$ représentent respectivement le poids de matière fraîche aux t$_{n+1}$ et t$_n$.

1.5. Croissance et développement des embryons somatiques

Pour favoriser la croissance et le développement des embryons somatiques, les suspensions cellulaires ont été cultivées pendant un mois, dans un milieu liquide de même composition que les milieux de base dépourvus d'auxine. Les cellules ont été ensuite tamisées et les suspensions cellulaires de diamètre compris entre 2 et 1 mm ont été étalées sur papier filtre. Ces papiers filtres ont été déposés pendant une semaine dans des boîtes de Petri de diamètre 90 mm contenant le même milieu de base enrichi de BAP aux concentrations de 0 mg.L^{-1}; 0,5 ; 1 ; 1,5 et 2 mg.L^{-1} et solidifié avec 8 g.L^{-1} d'agar. Pour chaque condition de milieu, 5 boîtes de Petri ont été utilisées. L'effet de l'application de ces différentes concentrations de BAP sur l'évolution de la masse de matière fraîche des masses cellulaires et la croissance (nombre et taille) des embryons somatiques a ensuite été évalué 5 semaines après repiquage des suspensions, toutes les semaines, sur les mêmes milieux de base précédemment décrits mais sans hormone.

Afin d'optimiser leur maturation, l'effet d'un traitement de deux semaines à l'ABA (0 µM; 10 ; 25 et 50 µM) ou au saccharose (30 g.L^{-1}; 60 ; 90 et 120 g.L^{-1}) a été étudié sur le développement de ces embryons.

1.6. Germination des embryons somatiques et enracinement des vitroplants

Après 6 semaines de culture en boîtes de Petri de diamètre 90 cm, sur un milieu MS ou M52 semi-solide de germination sans hormone, les embryons somatiques développés (longueur 10 à 11 mm) sont mis à enraciner sur milieux avec ou sans ANA (1 mg.L^{-1}) à raison de 48 embryons par condition de milieu. L'effet de cette auxine sur la morphologie du système racinaire des vitroplants a été évalué par des mesures de la longueur et du nombre des racines produites après 4 semaines de culture. Les jeunes pousses enracinées ont été transférées en serre.

2. Analyse histologique

Une dizaine d'échantillons de tissus est prélevée à chaque stade de développement puis fixée dans une solution renfermant pour 100 ml, 4 ml d'une solution de glutaraldéhyde à 25%, 50 ml de tampon phosphate à pH 7,2, 20 ml de paraformaldéhyde à 10%, 1 g de caféine et 26 ml d'eau distillée (Schwendiman, 1988). La composition du fixateur est précisée en annexe 2. Après déshydratation progressive dans plusieurs bains d'éthanol puis imprégnation dans du méthyl méthacrylate, chaque échantillon a été inclus dans une résine de type époxy (Historesin de Reichert-Jung). La polymérisation s'est déroulée à température ambiante pendant 24 heures. Les coupes d'une épaisseur de 3,5 µm sont réalisées à l'aide d'un microtome, (Historange, LKB, Suède) équipé de couteaux jetables. Elles ont ensuite été colorées par réaction à l'acide périodique - réactif Schiff associée au Naphtol Blue Black selon la méthode décrite par Fisher (1968). Cette double coloration est spécifique aux protéines et aux polysaccharides après révélation des groupements aldéhydes par lavage sulfureux. La réaction acide périodique - réactif de Schiff permet de mettre en évidence l'amidon et les composés polysaccharidiques (cellulose, composés pectiques, hémicelluloses, ...) qui apparaissent colorés en rose violacé. Le Naphtol Blue Black colore en bleu clair le cytoplasme (protéines solubles), en bleu foncé le noyau et le nucléole et en bleu noir les corps protéiques.

3. Etude cytogénétique

L'analyse du niveau de ploïdie des clones a été réalisée selon la méthode développée par Bennett (1991) à l'aide d'un cytomètre à rayon laser argon (15 mW) (FAC-Scan, Becton Dickinson) (Figure 6, annexe 3) réglé en émission de 488 nm. L'estimation de la quantité d'ADN nucléaire (qADN) a été faite à partir de segments foliaires prélevés sur des vitroplants issus de trois clones du cultivar Ahmar (Ahm A1, Ahm A8 et Ahm A14-F) et trois clones de Amsekhsi (Amse A56, Amse A57 et Amse A72) et de segments foliaires de semis de même âge apparent utilisés comme témoins. La taille du génome des clones est déterminée par rapport à celle de la variété référence de riz Nippon Bar (2C = 1,00 pg) (Bennett, 1991). L'extraction des noyaux interphasiques est effectuée par hachage manuel de 30 mg de l'échantillon dans 1,5 mL de tampon lysant (Galbraith et al., 1983) adapté par Dolezel et al. (1989). La composition du tampon est précisée en annexe 4. Les noyaux sont colorés à l'iodure de propidium à 330 $\mu g.mL^{-1}$ pendant 5 minutes à 0°C. Chaque échantillon est analysé sur la base de 5 répétitions indépendantes. Pour chaque analyse, 3000 noyaux de l'échantillon palmier ou témoin riz sont mesurés en même temps que 1000 billes fluorescentes de latex de 2 µm de diamètre utilisées pour le calibrage. Les mélanges riz plus palmier ont aussi été réalisés et mesurés. L'intensité de fluorescence des noyaux est exprimée en unités arbitraires de 0 à 1023 canaux.

4. Etude des étapes tardives de l'embryogenèse somatique

4.1. Dosage des sucres

Le dosage des sucres a été réalisé à partir des embryons somatiques cultivés pendant 5 semaines sur les milieux de maturation enrichis en ABA et en saccharose et à partir d'embryons zygotiques utilisés comme témoins. Ce matériel végétal a été lyophilisé pendant 48 heures puis broyé dans de l'azote liquide. Pour chaque échantillon, 20 mg de poudre sont homogénéisés vigoureusement au vortex en présence de 1 mL de solution d'éthanol 80% et de 1 g.L^{-1} de lactose avant d'être placés au bain marie à 80°C pendant 20 minutes puis centrifugés 10 minutes à 400 rpm. Le surnageant contenant les sucres est placé au speed - vac jusqu'à évaporation totale de l'éthanol. Avant le dosage des sucres, le résidu est repris dans de l'eau ultra pure filtrée. Les dosages sont effectués par détection ampérométrique pulsée à l'aide d'un système ion chromatographique / HPLC Dionex. L'éluant est constitué d'un gradient de soude et d'acétate. La nature des sucres et leur concentration sont déterminées par rapport à des témoins (standards externes) injectés à des concentrations connues.

4.2. Etude de l'expression de gènes candidats au cours du développement des embryons zygotiques et somatiques de dattier

Pour étudier le rôle de l'ABA et du saccharose dans la régulation du développement embryonnaire chez le palmier dattier, nous avons analysé l'expression de 4 gènes marqueurs de la maturation et d'un gène marqueur de la germination des embryons. Les gènes marqueurs de la maturation étudiés sont le gène *GLO* impliqué dans la biosynthèse de la globuline 7S (protéine de réserve), les gènes *DEHYD* et *EM* (Early méthionine), gènes de la famille des protéines LEA impliqués dans la biosynthèse des protéines déhydrines et Em et le gène *GOLS* (Galactinol synthase) impliqué dans la biosynthèse des oligosaccharides. Le gène marqueur de la germination est le gène *CPRS* (Cystéine protéinase) impliqué dans la dégradation des protéines de réserve. L'ensemble de ces gènes a été choisi sur la base de leur similarité de séquences avec les gènes caractérisés chez des plantes modèles.

4.2.1. Matériel végétal

L'étude a été réalisée à partir d'embryons somatiques cultivés pendant 5 semaines sur les milieux de maturation enrichis en ABA (0 µM; 0,1 ; 1 et 10 µM) ou au saccharose (30 g.L^{-1}; 60 ; 90 et 120 g.L^{-1}).

Les embryons zygotiques utilisés ont été excisés de graines récoltées à partir d'arbres plantés dans le site du Marinas (Dakar Bel-Air). L'évolution de l'expression des différents gènes a été étudiée sur des embryons zygotiques prélevés au cours :
- de la germination *in vitro* après 2, 4, 8, 12, 16 et 20 jours ;
- et de la maturation des graines à 117, 144 et 161 jours après la floraison.

Les embryons zygotiques prélevés au cours de la germination ont été cultivés *in vitro* sur le même milieu de base que celui décrit au § I.2. Avant stérilisation, le pH a été ajusté à 5 et 2 g.L^{-1} de phytagel ont été ajoutés. Les embryons ont été placés en salle de culture sous 12 h de lumière à 45 µmol.$m^{-2}.s^{-1}$, à 27°C. Pour chaque stade de développement 25 embryons ont été prélevés et conservés dans l'azote liquide pour les analyses.

4.2.2. Identification des gènes candidats

Les gènes de palmier ont été recherchés dans les collections d'EST de palmier à huile développées au laboratoire GeneTrop de l'IRD de Montpellier et dans les bases de données moléculaires publiques du NCBI (http://www.ncbi.nlm.nih.gov). Les gènes de palmier dattier *PdGLO12*, *PdDEHYD15* (accession 777521), *PdEM1* (accession 777507), *PdGOLS1*, *PdCPRS1-10* et le gène témoin d'expression *PdEF1α -12* (accession 790290) codant un facteur d'élongation *1α*, ont été identifiés par amplification PCR à l'aide d'amorces hétérologues de palmier à huile (Tableau 1). Les produits PCR ont été ligués dans un vecteur pGEM-T Easy (Promega) et transformés dans la souche d'*Escherichia coli* JM 109 selon les instructions du fournisseur. Les ADN plasmidiques ont été isolés des transformants en utilisant le kit Qiaquick PCR purification kit (Qiagen) et séquencés (GenomExpress, Meylan).

Les séquences identifiées ont été placées dans les bases de données (http://www.ncbi.nlm.nih.gov/Genbank/index.htmL).

4.2.3. Analyse de l'expression des gènes par RT-PCR semi-quantitative

Les embryons prélevés ont été finement broyés dans l'azote liquide et 200 à 400 mg de broyat ont été utilisés pour l'extraction des ARN totaux à l'aide du kit RNeasy Plant Mini Kit (Qiagen). Le kit RNeasy Lipid Tissue Kit a été employé pour les embryons zygotiques prélevés au cours de la maturation, riches en réserves lipidiques. Les ARN ont été traités à la DNase sur colonne selon les instructions du fournisseur (Qiagen). La synthèse des ADNc a été réalisée par Reverse Transcription (RT) à partir de 1 µg d'ARN totaux (kit ImProm-II^{TM} Reverse Transcription System, Promega). Les PCR ont été réalisées à l'aide d'amorces homologues spécifiques (Tableau 1). Les fragments amplifiés ont été analysés par électrophorèse sur gel d'agarose à 1,5 % et révélés sous rayons UV après coloration au bromure d'éthidium (BET). Les séquences des produits PCR ont été contrôlées après clonage pour vérifier la spécificité de l'amplification.

L'identification des gènes a été réalisée dans les conditions suivantes d'amplification : 3 min de dénaturation à une température de 95 °C, puis 35 cycles comprenant une hybridation de 30 s à 50 °C, une extension d'1 min à 72 °C, et une dénaturation 30 s à 95 °C, suivie d'une élongation de 10 min à 72 °C. Pour les études d'expression par RT-PCR, 25 cycles ont été réalisés dans les mêmes conditions d'amplification.

Tableau 1 : **Séquences des amorces utilisées pour les réactions PCR.**

Nom	amorce		Séquence
PdDehyd15	DehydS4	sens	5'-CGGTGGTGCGGTCACCGGCGGG-3'
PdDehyd15	DehydAS4	antisens	5'-CAGTCTGGCCGTGCTCCTC-3'
PdEm1	EmZ08S1	sens	5'-AGGCAACTCGGCAGGAGAGGGC-3'
PdEm1	EmZ08AS1	antisens	5'-CCCTGCGATCAGATAGTTCCTG-3'
PdGolS1	GolEgS1	sens	5' -GCGAGAAGACGTGGAGTCAC-3'
PdGolS1	GolEgAS1	antisens	5'GTCCTTAAAGAACATGTTCAAAAAGTC-3'
PdCPRS1	CPRS1S1	sens	5'-GGTGGTGAGTGGTTTCAGG-3'
PdCPRS1	CPRS1AS1	antisens	5'-GGATTGATCTCAACTGTATTC-3'
PdGlo12	GLOS1	sens	5'-CGCCACGGAGAGCTGAGGGAG-3'
PdGlo12	GLOAS	antisens	5'-CGTTCCATCTCAGAAGCCGCC-3'
PdEF1α	PdEF1S2	sens	5'-GGATGATCCTGCGAAGGAGGC-3'
PdEF1α	PdEF1AS2	antisens	5'-CAACAGTCTGGCGCATGTCC-3'

5. Traitement statistique et exploitation des données

Les résultats numériques sont présentés sous forme de tableaux, de courbes de croissances et d'histogrammes.

Pour chaque étape de l'embryogenèse somatique, des données numériques ont été enregistrées : nombre d'explants callogènes, poids frais des tissus en multiplication et des embryons somatiques, nombre d'embryons produits, germés et enracinés, nombre et longueur des racines produites.

Les données cytofluorimétriques ont été analysées avec le logiciel WinMDI version 2.9 (© Joseph Trotter@scripps.edu) qui permet de déterminer le nombre d'évènements correspondant à des noyaux et parmi ceux-ci, les différents stades G0-G1 et G2 du cycle cellulaire. Il permet aussi de montrer les variations de niveau de ploïdie par rapport à un témoin et les variations plus fines de la quantité d'ADN nucléaire (qDNA) qui peuvent traduire des accidents chromosomiques comme l'aneuploïdie. Le contenu en ADN du noyau diploïde de palmier a été déterminé par rapport à celui du riz selon la formule $qDNA_{Pd} = qDNA_{Os}$ / canal Os x canal Pd où qDNA Os = 1,00 pg ; Pd = *P. dactylifera* et Os = *Oryza sativa*.

Le système expérimental est randomisé et nous précisons pour chaque traitement les facteurs étudiés et le nombre de répétitions sur la base desquelles sont effectuées les analyses statistiques. Le traitement et l'analyse des données ont été réalisés en utilisant le module Général ANOVA/MANOVA (General Linear Model) de STATISTICA (data analysis software system), version 6. StatSoft, Inc. (2001). Les traitements ont été discriminés par comparaison multiple des moyennes après analyse de variance suivie du test de Newman et Keuls au seuil de 5% ou bien par test Chi^2 de Pearson.

RESULTATS ET DISCUSSIONS

PREMIERE PARTIE

Détermination des conditions de production des embryons somatiques

Nous avons cherché à définir les conditions d'obtention des embryons somatiques de palmier dattier à partir de suspensions cellulaires embryogènes des cultivars Ahmar, Amsekhsi, Tijib et Amaside d'une part et, d'autre part, de leur développement en vitroplants viables capables d'être transplantés en conditions horticoles.

La stratégie d'embryogenèse somatique adoptée comporte les quatre étapes suivantes : l'induction de la callogenèse suivie de l'initiation de l'embryogenèse en milieu liquide, le développement des embryons somatiques et leur germination conduisant à l'obtention des vitroplants.

Dans cette partie, nous décrirons, d'une part, les observations morphologiques et histocytologiques des différentes étapes du processus d'embryogenèse somatique et d'autre part, nous évaluerons le niveau de ploïdie des vitroplants produits. Nous en déduirons, au niveau cellulaire, la succession des événements qui conduisent à l'expression d'une embryogenèse asexuée chez le dattier et préciserons les conditions d'obtention et de développement des embryons somatiques en rapport avec la séquence des milieux de culture définis.

Résultats et Discussions

CHAPITRE 1. : Induction de la callogenèse et initiation de l'embryogenèse

L'induction de la callogenèse nécessite l'utilisation d'un régulateur de croissance à forte activité auxinomimétique. Chez les Arécacées, l'auxine de synthèse la plus utilisée est le 2,4-D. Les tissus présentent une très grande sensibilité à cette hormone (Eeuwens, 1978).

1. Description des principales conditions d'obtention de la callogenèse

Le caractère très aléatoire d'obtention des cals embryogènes, nous a fait prendre en considération la composante tissulaire. Les différents organes utilisés comme explants primaires (apex, feuilles et racines) ont été mis en culture sur des milieux de base MS additionnés soit de 2,4-D et / ou d'ANA utilisés seuls ou combinés avec de la BAP ou de l'adénine sulfate. Les deux auxines ont d'abord été utilisées seules ou combinées aux concentrations de 1, 2, 4, 8 et 16 $mg.L^{-1}$ pour le 2,4-D et de 2 et 4 mg.L-1 pour l'ANA, puis nous les avons associées à la BAP à 1 $mg.L^{-1}$ ou à l'adénine à 40 $mg.L^{-1}$. Ces explants ont été répartis au hasard sur les différentes variantes de milieux à raison de 48 répétitions par variante (type d'explant x cultivar x milieu de culture) puis ont été incubés à l'obscurité.

2. Description morphologique de la callogenèse primaire et secondaire

2.1. Description de la callogenèse primaire

L'évolution des cultures a été suivie régulièrement, chaque semaine, pendant 2 mois, depuis la mise en culture des explants primaires jusqu'à l'émergence des cals embryogènes. Les données morphologiques obtenues pendant 8 semaines d'observation ont révélé :
- un allongement de la totalité des segments de racines cultivés, observable dès la 2ème semaine, quelle que soit la combinaison hormonale testée. Néanmoins, sur ces explants racinaires, aucune formation de cals n'a été observée ;
- une dilatation des apex qui survient à la 2ème semaine de culture et affecte respectivement 85,54 % et 89,34 % des explants chez les cultivars Ahmar et Amsekhsi ;
- un brunissement de la totalité des explants foliaires qui intervient dès la 1ère semaine de culture sur les milieux enrichis en 2,4-D.

Résultats et Discussions

En revanche, vers la 4ème semaine de culture, on observe une intense activité morphogénétique caractérisée par une prolifération de cals micro granulaires compacts, de couleur jaunâtre. De 2 à 3 mm de diamètre, ces cals se développent et peuvent atteindre une taille de 6 à 7 mm de diamètre à la 8ème semaine de culture (Figure 7a). Ces cals ont été visibles à l'œil nu sur les explants foliaires des cultivars Ahmar (73,68 %), Amsekhsi (62,79 %), Tijib (20,2 %) et Amaside (4,1 %) et sur la totalité des segments d'apex dilatés des cultivars Ahmar et Amsekhsi.

2.2. Description de la callogenèse secondaire

Dans nos conditions expérimentales, les cals primaires se développant directement à partir des segments d'apex et des explants foliaires présentent les mêmes caractéristiques chez les 4 cultivars étudiés. Ces cals présentent une croissance très lente lorsqu'ils poursuivent leur développement sur les explants primaires. De plus, ils se nécrosent et dégénèrent rapidement au bout de la 3ème subculture sur les milieux enrichis en 2,4-D (Figure 7b).

En revanche, lorsque ces cals primaires initialement globulaires et compacts sont isolés des explants primaires, hachés au scalpel puis subcultivés sur les mêmes milieux de callogenèse, on observe sur ces cals, entre la 6ème et la 8ème semaine de culture, la formation de cals secondaires granulaires et friables qui apparaissent favorables à l'initiation et l'installation des suspensions cellulaires (Figure 7c).

3. Origine et description histocytologique des cals primaires et secondaires

Les coupes histocytologiques réalisées à partir des explants foliaires cultivés en conditions d'induction de la callogenèse révèlent que les cals primaires obtenus chez les cultivars Ahmar, Amsekhsi, Tijib et Amaside et ceux obtenus à partir des segments d'apex chez Ahmar et Amsekhsi ont une origine interne. Ils prennent naissance à proximité des faisceaux conducteurs.

En effet, après 2 semaines de culture en présence de 2,4-D, les coupes histologiques réalisées à partir d'apex et d'explants foliaires, révèlent la présence de cellules parenchymateuses dégénérescentes. Au sein de ces cellules fortement vacuolisées, on observe à proximité des tissus vasculaires, la présence de cellules embryogènes de 30 à 40 µm de long. Ces cellules de la zone périvasculaire sont caractérisées par la présence

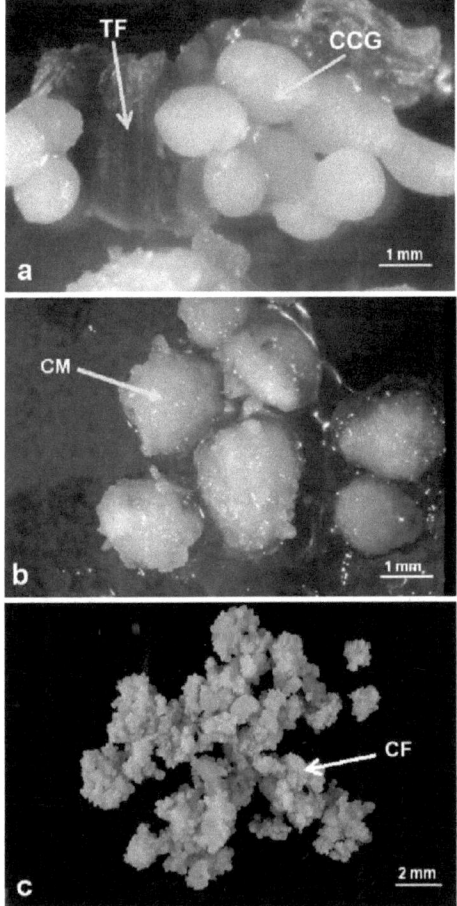

<u>Figure 7</u> : **Callogenèse primaire et secondaire chez le palmier dattier.** (a) : formation de cals primaires compacts et granulaires (CCG) sur l'explant foliaire après 2 mois de culture sur milieu enrichi de 2 mg.L^{-1} de 2,4-D , (b) : nécrose (N) et dégénérescence des cals primaires après 3 subcultures sur le même milieu de callogenèse , (c) : formation de cals secondaires friables (CF) sur milieu enrichi de 2 mg.L^{-1} de 2,4-D un mois après hachage des cals primaires microgranulaires.

de petites vacuoles et leur cytoplasme dense riche en protéines solubles apparaît coloré en bleu par le Naphtol Blue Black (Figure 8a).

Après 4 semaines de culture, on observe sur les coupes la formation de nombreux globules sphériques de 250 à 500 µm, méristématiques et bien individualisés à proximité des tissus vasculaires. Ces îlots sont constitués de petites cellules méristématiques de 8 à 20 µm de diamètre qui présentent un noyau et un cytoplasme dense très riche en réserves protéiques intensément colorées en noir par le Naphtol Blue Black. Ces îlots à aspect de nodules bien individualisés présentent une zone méristématique interne entourée de cellules parenchymateuses (Figure 8b). A la 8ème semaine de culture, nous remarquons la formation de cals compacts globulaires qui se développent à partir des tissus internes de l'explant (Figure 7a).

Lorsque ces cals primaires globulaires et compacts sont hachés au scalpel puis cultivés sur les mêmes milieux de callogenèse, ils se divisent activement et donnent naissance entre la 6ème et la 8ème semaine de culture, aux cals secondaires précédemment décrits (cf. § 2.2.). Ces derniers apparaissent constitués de cellules embryogènes très peu vacuolisées et très riches en protéines solubles (Figure 8c).

4. Influence du type d'explant sur la fréquence de la callogenèse

Les conditions de culture précédemment définies permettent une production de cals dont la fréquence d'apparition apparaît variable selon le type d'explant utilisé (Tableau 2).

Résultats et Discussions

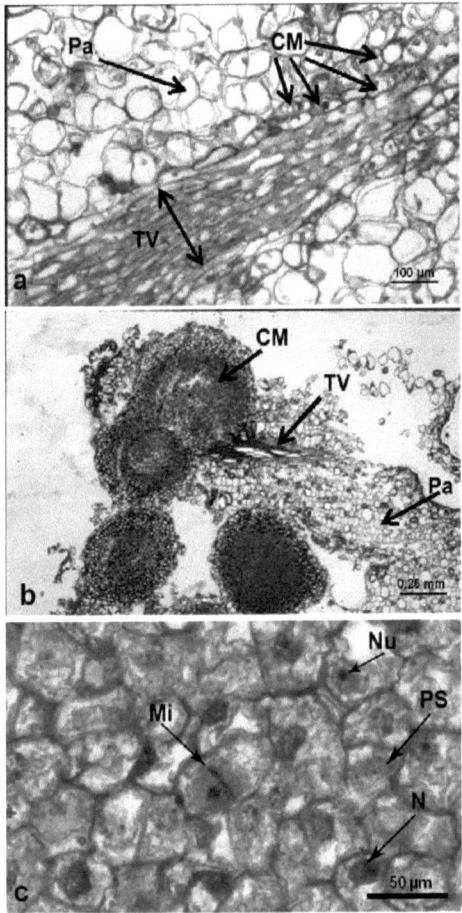

Figure 8 : Origine et description histocytologique des cals primaires et secondaires. (**a**) : coupe longitudinale d'un explant foliaire montrant un tissu parenchymateux dégénérescent (Pa), un tissu vasculaire (TV) ainsi que la formation de cellules embryogènes (CE) dans la zone périvasculaire 2 semaines après la mise en culture sur milieu enrichi de 2 mg.L^{-1} de 2,4-D ; (**b**) : le même type d'explant montrant un mois après la mise en culture, la formation de microcals sphériques à proximité du tissu vasculaire. Ces microcals apparaissent constitués de cellules méristématiques (CM) riches en protéines solubles intensément colorées en bleu noir par le NBB. (**c**) : structure histologique d'un cal secondaire friable montrant des cellules avec de gros noyaux (N) pourvus d'un nucléole (Nu) bien visible. Ces cellules sont riches en protéines solubles (PS) et se divisent activement (Mi).

Tableau 2 : **Influence du type d'explant sur la fréquence de la callogenèse primaire après 8 semaines de culture sur les milieux d'induction de base MS enrichis de 2,4-D et d'ANA combinés à la BAP ou à l'adénine.**

Explants	(*) Fréquence de callogenèse (%)	(**) Nombre moyen de cals microgranulaires / explant
Apex	43,7 %	5,4 ^{b}
Feuilles	40,2 %	14,1 ^{a}
Racines	0 %	0 ^{c}

P (test F)   P = 0,000

Effectifs : [*] 48 explants du même type / condition de milieu ; [**] 12 explants du même type / condition de milieu. Sur la même colonne, les lettres a, b et c désignent les moyennes significativement différentes (Comparaison des moyennes : test de Newman et Keuls au seuil de 5%).

N.B. : les valeurs affichées correspondent à la moyenne des fréquences de callogenèse obtenues chez les cultivars Ahmar, Amsekhsi, Tijib et Amaside. Elles sont calculées à partir de 12 conditions de milieux différents (2,4-D 2 ; 2,4-D 2 + BAP1 ; 2,4-D 2 + Adénine 40 ; 2,4-D 2 + ANA 2 ; 2,4-D 2 + ANA 2 + BAP1 ; 2,4-D 2 + ANA 2 + Adénine 40 ; 2,4-D 4 ; 2,4-D 4 + BAP1 ; 2,4-D 4 + Adénine 40 ; 2,4-D 4 + ANA 4 ; 2,4-D 4 + ANA 4 + BAP1 ; 2,4-D 4 + ANA 4 + Adénine 40).

En effet, les résultats présentés dans le Tableau 2 révèlent que si les feuilles (40,2 %) et les apex (43,7 %) des différents cultivars, considérés globalement, présentent les mêmes aptitudes à la callogenèse, les rendements en cals en terme de nombre moyen de microcals granulaires produits par explant apparaissent toutefois significativement plus importants sur les explants foliaires que sur les segments d'apex cultivés (F = 22,04 ; P = 0,000). Ce nombre moyen, tous les génotypes confondus, est d'environ 15 microcals par explant foliaire contre 5 par apex soit une fréquence de callogenèse 3 fois plus élevée chez les explants foliaires. Dans nos conditions de culture, nous pouvons remarquer que les segments de racines n'apparaissent pas callogènes.

5. Influence de la composante génétique sur l'apparition des cals primaires

L'aptitude à la callogenèse apparaît très variable d'un cultivar à l'autre aussi bien en termes de pourcentage de callogenèse qu'en termes de nombre moyen de microcals produits par cultivar. En effet, après 8 semaines d'observation, les résultats présentés sur la figure 9, montrent l'influence différentielle de la composante génétique sur le pourcentage de callogenèse. Cette figure révèle, tout explant confondu (feuilles et apex), que les cultivars Ahmar (80 %) et Amsekhsi (76 %) sont très callogènes alors que Tijib (10 %) et Amaside (2 %) sont très peu callogènes.

Résultats et Discussions

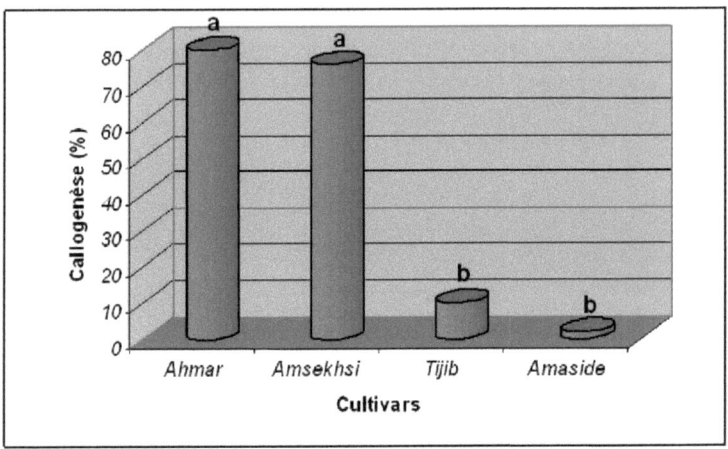

Figure 9 : Aptitude de callogenèse comparée d'explants foliaires et d'apex des cultivars Ahmar, Amsekhsi, Tijib et Amaside après 60 jours de culture sur les milieux d'induction.
Effectifs : 96 explants / cultivars.

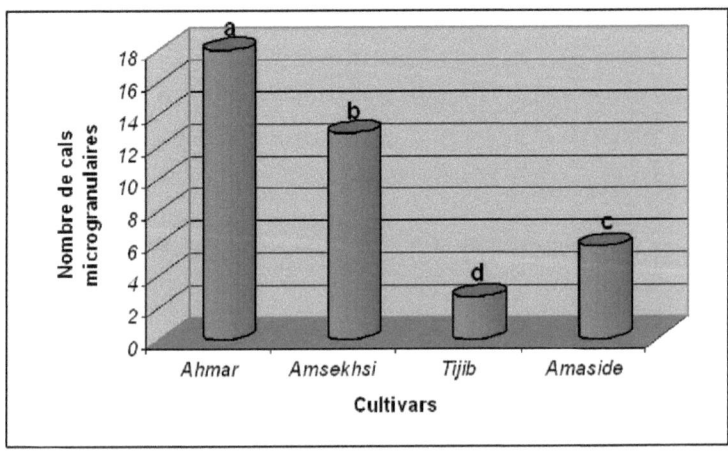

Figure 10 : Aptitude comparée de production de cals microgranulaires à partir d'explants foliaires et d'apex chez les cultivars Ahmar, Amsekhsi, Tijib et Amaside après 60 jours de culture sur les milieux d'induction de la callogenèse.
Effectifs : 24 explants / cultivar (12 explants foliaires + 12 apex); comparaison des moyennes : test de Newman et Keuls au seuil de 5%.

68

Résultats et Discussions

Ces observations sont aussi valables pour ce qui concerne les rendements en microcals produits par cultivar. En effet, les résultats de l'analyse de variance indiquent clairement que les capacités moyennes de production de cals primaires par explants réactifs sont significativement plus importantes chez les cultivars Ahmar et Amsekhsi que chez Tijib et Amaside (F = 12,51 ; P = 0,000). Sur la figure 10, qui montre le nombre moyen de microcals produits par cultivar, nous pouvons observer que les capacités de production de cals sont environ 4 à 6 plus élevées chez Ahmar et Amsekhsi que chez Tijib et Amaside.

6. Influence de la composition hormonale du milieu sur l'aptitude à la callogenèse des différents cultivars

Dans l'ensemble, les cultivars Ahmar et Amsekhsi nous ont permis d'obtenir des fréquences de callogenèse sensiblement supérieures à celles des cultivars Tijib et Amaside. Nous nous sommes donc proposés de poursuivre, l'étude de l'influence de la balance hormonale sur le comportement des explants primaires des cultivars Ahmar et Amsekhsi, lorsqu'ils sont soumis aux conditions de callogenèse.

L'expression des cals a été observée toutes les semaines pendant 60 jours sur les milieux enrichis en auxines (2,4-D et/ou ANA) seules ou combinées à la BAP ou à l'adénine.

6.1. Influence du 2,4-D et de l'ANA utilisés seuls dans les milieux de callogenèse

Afin de comparer l'influence du niveau auxinique sur la fréquence de la callogenèse ainsi que sur la croissance des cals, les explants primaires ont été cultivés sur des milieux inducteurs contenant des concentrations de 1, 2, 4, 8 et 16 mg.L^{-1} de 2,4-D ou 2 et 4 mg.L^{-1} d'ANA.

Dans nos conditions expérimentales, on obtient un développement de racines à partir des explants foliaires et des apex des cultivars Ahmar et Amsekhsi lorsqu'on les cultive sur un milieu contenant uniquement de l'ANA (Figure 11). En présence de cette auxine, aucune formation de cal n'a été observée quel que soit le génotype utilisé. De la même manière, aucune formation de cal n'est obtenue avec une concentration de 1 mg.L^{-1} de 2,4-D. Cette concentration d'auxine induit également la formation de racines que ce soit sur les segments d'apex ou les explants foliaires cultivés.

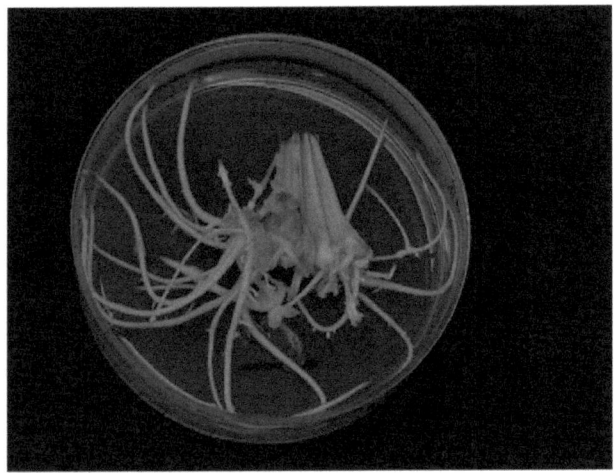

Figure 11 : Formation de racines sur les explants foliaires cultivés pendant 4 semaines en présence de 4 mg.L^{-1} d'ANA.

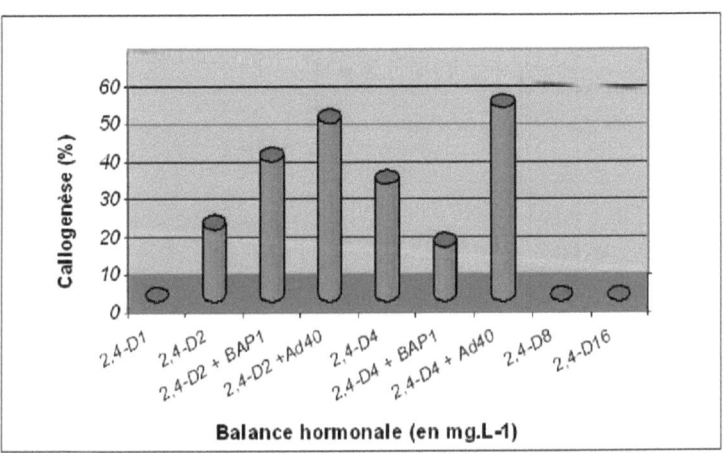

Figure 12 : Influence de la balance hormonale exogène sur la fréquence de callogenèse après 60 jours de culture sur les milieux d'induction.
Effectif : 48 explants / condition hormonale.

Résultats et Discussions

En revanche, le développement de cals a été observé lorsque les milieux contiennent des concentrations plus élevées de 2,4-D. Nos résultats montrent que l'induction de la callogenèse primaire chez les deux cultivars considérés nécessite une gamme de concentration allant de 2 à 4 mg.L^{-1} (figure 12). En présence de 2,4-D seul dans le milieu de culture, la meilleure fréquence de callogenèse (31 % d'explants porteurs de cals) est obtenue avec la concentration de 4 mg.L^{-1}. Dans nos conditions de culture, aucune callogenèse n'est observable en présence de 8 mg.L^{-1} et 16 mg.L^{-1} de 2,4-D dans le milieu de culture, en d'autres termes toute augmentation de la concentration de 2,4-D au delà la gamme d'auxine définie entraîne une inhibition de la callogenèse chez les cultivars Ahmar et Amsekhsi.

6.2. Influence du 2,4-D combiné à la BAP ou à l'adénine dans les milieux de callogenèse

Des explants primaires des cultivars Ahmar et Amsekhsi ont été cultivés sur les milieux d'induction de la callogenèse en présence d'une combinaison auxine – cytokinine comprenant de la BAP à 1 mg.L^{-1} ou de l'adénine à 40 mg.L^{-1} combinées avec 2, 4, 8 et 16 mg.L^{-1} de 2,4-D.

Les résultats de la figure 12 révèlent que l'adjonction d'une cytokinine, en particulier de l'adénine à 40 mg.L^{-1}, dans les milieux de culture permet une augmentation de la fréquence des explants porteurs de cals. En effet, à un niveau d'auxine constant dans la gamme de concentration définie, la meilleure fréquence est obtenue avec la combinaison 2,4-D 4 mg.L^{-1} + adénine 40 mg.L^{-1}, soit 51 % d'explants avec cals chez les deux cultivars confondus. Ce pourcentage correspond à une augmentation de la callogenèse de + 20 % par rapport à la même concentration d'auxine utilisée seule. Cette tendance s'observe également avec une combinaison 2,4-D 2 mg.L^{-1} + adénine 40 mg.L^{-1}, avec laquelle on observe une fréquence de callogenèse 2 fois plus élevée par rapport à celle obtenue avec la même concentration d'auxine utilisée seule.

Pour l'effet la composition hormonale sur la réponse à la callogenèse en fonction du cultivar, les résultats présentés sur la figure 13 permettent de préciser le meilleur traitement hormonal chez ces deux cultivars. Les résultats montrent qu'à concentration d'auxine constante dans la gamme 2 à 4 mg.L^{-1} de 2,4-D, les pourcentages de callogenèse les plus élevés sont ceux où l'on combine le 2,4-D avec l'adénine.

Résultats et Discussions

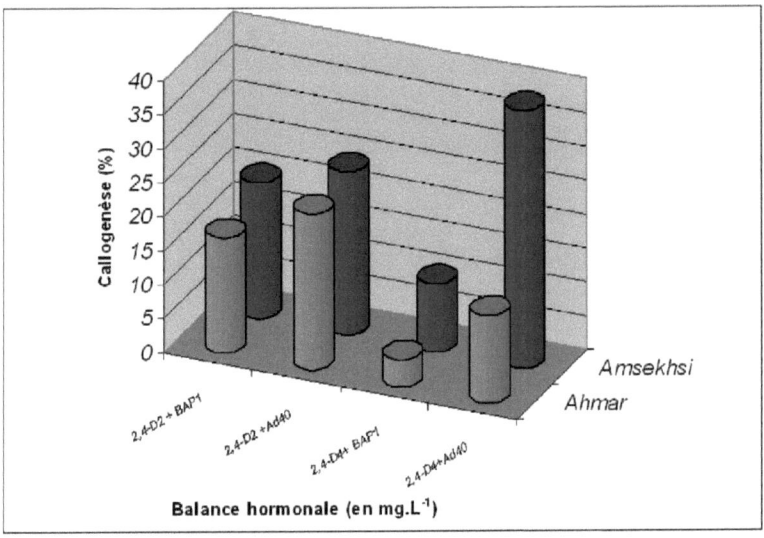

Figure 13 : Effet de l'interaction explants primaires x balance hormonale sur la callogenèse chez les cultivars Ahmar et Amsekhsi après 60 jours de culture sur les milieux d'induction.
Effectif : 48 explants / cultivar / condition hormonale

Ces observations sont valables aussi bien chez Ahmar que chez Amsekhsi avec respectivement 23 % et 38 % d'explants porteurs de cals.

7. Conclusion

L'étude des conditions de la callogenèse à partir des explants primaires révèle que les parties aériennes (feuilles et apex) des jeunes plants de dattier présentent une bonne aptitude à la production de cals. Toutefois, qu'elle soit initiée à partir d'apex ou de feuilles, la callogenèse débute par une activation des cellules de la zone périvasculaire qui conduit à la formation, vers la 4ème semaine de culture, de cals primaires nodulaires et compacts à croissance lente identiques chez les 4 cultivars. L'initiation d'une callogenèse secondaire, après déstructuration des cals primaires par stress mécanique, s'avère nécessaire pour favoriser leur croissance ainsi que la formation de cals secondaires granulaires et friables indispensables à l'installation des suspensions cellulaires chez le palmier dattier.

L'effet de la composante génétique sur la callogenèse apparaît également très marqué. Les tissus réactifs des cultivars Ahmar et Amsekhsi présentent une plus grande compétence à la callogenèse que ceux des cultivars Tijib et Amaside. Néanmoins, il convient de restreindre, lorsqu'on évoque un effet génétique sur la callogenèse, la portée des résultats obtenus dans les conditions expérimentales dans lesquelles la comparaison a été faite. En effet, une amélioration des protocoles pourrait rendre les tissus des cultivars Tijib et Amaside plus aptes à produire des cals embryogènes.

L'analyse de l'influence différentielle des auxines sur la callogenèse révèle un effet rhizogène très marqué de l'ANA alors que le 2,4-D apparaît fortement callogène. Toutefois, l'interaction explant primaire x concentration de 2,4-D révèle que la marge optimale de variation de la concentration d'auxine est très réduite. Les fortes concentrations inhibent l'apparition des cals chez les différents cultivars étudiés, ce qui pourrait refléter une grande sensibilité des tissus de palmier dattier au 2,4-D. L'adjonction d'adénine au milieu d'induction augmente cette sensibilité des tissus pendant la phase de la callogenèse.

8. Discussion

Chez les cultivars de palmiers dattiers étudiés, la production de cals embryogènes a impliqué le passage des explants primaires par deux étapes de callogenèse. Dans le cadre de notre étude, l'aptitude à la callogenèse primaire est apparue fortement dépendante du type d'explant, du génotype et des régulateurs de croissance utilisés.

Les résultats précédents ont montré que quel que soit le cultivar considéré, les parties aériennes (feuilles et apex) sont plus callogènes que les racines des jeunes plants de palmier dattier. En effet, comparés aux segments de racines qui se sont révélés très callogènes chez le palmier à huile (Jones, 1986), les segments foliaires des jeunes plants de dattier sont apparus, dans nos conditions expérimentales, comme un matériel de choix pour l'initiation de l'embryogenèse. Chez les quatre cultivars étudiés, la callogenèse primaire a conduit à la formation de cals compacts globulaires comparables à ceux décrits chez *Elaeis guineensis* (Teixeira *et al.*, 1995) et chez *Phœnix canariensis* (Huong *et al.*, 1999). Ce type de cals à croissance lente que Branton et Blake (1984) ont appelé 'calloïdes' ont été décrits comme des cals à très fort potentiel embryogène chez une autre monocotylédone comme le blé (Wernicke et Milkovits, 1986) ou encore chez le rosier (Kamo *et al.*, 2004).

Nos résultats ont également montré qu'il existe un effet génotype très marqué sur l'aptitude à la callogenèse. Gabr et Tisserat (1985) avaient remarqué que le facteur génotype est l'un des facteurs les plus déterminants dans l'induction de la callogenèse primaire. Cette observation s'est vérifiée dans nos conditions d'expérience. En effet, quel que soit le milieu de culture utilisé, la fréquence de callogenèse est apparue approximativement 7 à 8 fois plus élevée chez les cultivars Ahmar et Amsekhsi que chez Tijib et Amaside. Les mêmes observations ont été faites par Verdeil *et al.* (1994) chez le cocotier chez lequel les pourcentages de callogenèse enregistrés sont apparus significativement plus élevés chez l'un des trois génotypes étudiés. Les facteurs qui expliquent l'inaptitude à la callogenèse chez les génotypes réfractaires demeurent encore inconnus. Tomes (1985) puis Brown (1988) avaient respectivement émis l'hypothèse d'une inaptitude génétique pour la callogenèse dans le cas de certaines espèces comme *Zea mays* et *Medicago sativa*.

Résultats et Discussions

Nos expériences nous ont en outre permis de remarquer que la réponse à la callogenèse dépend de la balance hormonale. La compétence des tissus végétaux à la callogenèse qui correspond généralement à la phase la plus longue du processus de régénération (Fki *et al.*, 2004 ; Zouine *et al.*, 2005), nécessite chez de nombreux végétaux des niveaux élevés d'auxines exogènes (Ammirato, 1983 ; Fehér *et al.*, 2003). Il apparaît généralement indispensable pour chaque génotype de définir sa marge de sensibilité optimale aux auxines. Dans nos conditions expérimentales, les tissus foliaires de palmier dattier s'orientent vers la rhizogenèse en présence d'ANA. En revanche, les mêmes tissus deviennent fortement callogènes en présence de 2,4-D utilisé entre 2 et 4 mg.L^{-1}. Les faibles concentrations de 2,4-D (1 mg.L^{-1}) n'ont aucun effet sur la callogenèse alors que les fortes concentrations (8 et 16 mg.L^{-1}) l'inhibent comme dans le cas de *Phœnix canariensis* (Huong *et al.*, 1999). La phase de croissance cellulaire, liée à la sensibilité au 2,4-D des tissus foliaires de dattier, surviendrait dès la 2ème semaine de culture (Sané *et al.*, 2006) et aboutirait dans nos conditions de culture à l'apparition des cals primaires observables après la 4ème semaine de culture. La multiplication des cellules débuterait au cours de la callogenèse, par une hyperpolarisation de certains polypeptides membranaires sous l'action de l'auxine (Barbier-Bryggoo *et al.*, 1989). D'après Goldsworthy et Mina (1991) cette hyperpolarisation résulterait de la déstabilisation de la polarité des champs électriques cellulaires qui serait à l'origine de la croissance désorganisée observée en présence du 2,4-D au cours de la callogenèse. L'effet du 2,4-D au cours de la dédifférenciation cellulaire a été étroitement corrélé à l'augmentation des teneurs d'AIA endogène dans les tissus (Michalczuk *et al.*, 1992). En effet, Pasternak *et al.* (2002) ont pu établir, chez *Medicago sativa*, que les teneurs d'AIA endogène augmentent considérablement durant les 3 premiers jours de culture en présence de concentrations optimales de 2,4-D. Jimenez et Bangerth (2001) pensent que cette forte accumulation d'AIA endogène dans les tissus, sous l'influence du 2,4-D, serait à l'origine de la totipotence des cellules somatiques chez *Zea mays* et par conséquent de leur capacité à s'orienter vers l'embryogenèse.

Dans cette étude, les forts taux de callogenèse obtenus (76 à 80%) chez les cultivars Ahmar et Ameskhsi en présence des combinaisons 2,4-D / adénine soulignent l'importance de la balance auxine / cytokinine au cours de cette phase du développement chez le palmier dattier. Des résultats similaires ont été obtenus par Sané *et al.* (2001) chez l'*Acacia raddiana*. Chez cette espèce, l'adjonction de la BAP dans les milieux de culture a permis d'optimiser les fréquences de callogenèse en présence de 2,4-D. Fehér *et al.* (2001) puis Pasternak *et al.* (2002) ont également pu optimiser la dédifférenciation des protoplastes obtenus à partir de cellules foliaires de luzerne en faisant varier la balance auxine / cytokinine. Ces résultats suggèrent qu'en agissant sur la balance hormonale, dans le cas du palmier dattier, on pourrait optimiser cette étape de la callogenèse primaire chez les différents génotypes y compris les génotypes réfractaires comme Tijib et Amaside.

Les données histocytologiques obtenues chez le dattier au cours de cette étape de l'embryogenèse ont montré que, quel que soit le génotype considéré, l'initiation de la callogenèse primaire a lieu au niveau des cellules de la zone périvasculaire. En effet, nous avons observé des divisions cellulaires initiales dans la région du parenchyme périvasculaire des explants foliaires et des apex. Les cellules issues de ces divisions ont un aspect embryogène, possèdent de nombreux grains de réserves de nature protéique dans leur cytoplasme et des vacuoles de petite taille. Ces cellules pourraient être à l'origine de la formation des cals primaires globulaires compacts bien visibles à l'œil nu après deux mois de culture. Elles pourraient être équivalentes aux cellules compétentes décrites chez le cocotier par Branton et Blake (1984). Les facteurs de l'activation de ces divisions cellulaires demeurent encore inconnus. Schwendiman *et al.* (1988) pensent qu'ils pourraient être liés au génotype et même au type d'explant utilisé sous l'effet des facteurs de l'environnement de culture. La prolifération des cals à proximité des tissus vasculaires a également été observée à partir d'explants foliaires de palmacées comme *Elaeis guineensis* (Schwendiman *et al.*, 1988) et *Cocos nucifera* (Buffard-Morel *et al.*, 1992), mais également chez d'autres espèces comme *Gossypium hirsutum* (Gawel *et al.*, 1986) ou encore *Acacia raddiana* (Sané *et al.*, 2001).

L'analyse histologique des cals primaires obtenus montre qu'ils sont constitués de petites cellules méristématiques à cytoplasme dense très riche en réserves protéiques.
A ce stade du développement, il est intéressant de remarquer que le modèle présenté chez le palmier à huile (Schwendiman *et al.*, 1988) pour lequel la croissance des cals primaires se poursuit régulièrement au fil des subcultures est différent de celui que nous avons observé chez le dattier. En effet, les cals globulaires obtenus chez cette espèce sont caractérisés par une croissance très lente. De plus, ils se nécrosent et dégénèrent très rapidement au bout de la troisième subculture sur milieux enrichis en 2,4-D.

Chez le palmier dattier, le hachage de ces types de cals suivi d'une remise en culture sur les mêmes milieux de callogenèse sont apparus nécessaires pour favoriser, au bout d'un mois de culture, l'apparition et la croissance de cals secondaires à texture granulaire qui se sont révélés très embryogènes en milieux liquides. Des résultats similaires ont été décrits par Buffard-Morel *et al.* (1992) puis par Kamo *et al.* (2004) respectivement chez *Cocos nucifera* et *Rosa hybrida*. Ces auteurs ont, en effet, remarqué chez ces deux espèces que le développement de cals secondaires friables suite au fractionnement des cals obtenus sur explants primaires s'accompagnait d'une augmentation des potentialités embryogènes des tissus en milieu liquide.

CHAPITRE 2 : Acquisition et maintien des potentialités embryogénétiques en milieu liquide

L'établissement d'une suspension cellulaire à croissance régulière constitue une étape importante qui conditionne l'initiation de l'embryogenèse somatique en milieu liquide. L'obtention de cals friables est souvent nécessaire pour initier la prolifération des suspensions cellulaires.

Dans l'ensemble, nous avons pu préciser chez les cultivars de dattier étudiés, les conditions de production de cals granulaires friables à partir des cals compacts nodulaires à croissance lente décrits.

Il nous restait à rechercher des conditions de prolifération des suspensions de dattier à partir des cals friables obtenus lorsqu'ils sont cultivés en milieu liquide.

1. Présentation des principales conditions de prolifération des suspensions dans les milieux liquides

Les conditions d'établissement et de prolifération d'une suspension embryogène sont variables d'une espèce végétale à une autre. L'utilisation d'auxines à faibles ou moyennes concentrations, s'avère souvent nécessaire durant cette étape pour favoriser la croissance des agrégats cellulaires en milieu liquide.

Dans nos conditions de culture, l'effet rhizogène de l'ANA déjà observé sur les milieux solides s'observe également lorsqu'on ajoute cette auxine dans les milieux liquides. En effet, après deux à trois subcultures dans les milieux liquides, les agrégats cellulaires s'hypertrophient puis s'orientent vers la production de racines quelle que soit par ailleurs la concentration d'ANA testée. Pour l'ensemble des cultivars étudiés, aucune suspension embryogène n'a pu être établie avec cette hormone.

Ces observations nous ont incités à focaliser notre intérêt sur le 2,4-D qui semble offrir chez les Arécacées un meilleur compromis entre la croissance cellulaire et l'expression des potentialités embryogénétiques des tissus. L'installation des suspensions cellulaires de dattier en milieu liquide, à partir des cals friables obtenus, a été initiée à la lumière dans une chambre de culture dont la photopériode est de 16 heures de lumière et 8 heures d'obscurité. Les conditions minérales testées sont celles du milieu de base MS

Résultats et Discussions

modifié par Rabéchault et Martin (1976). Ce milieu a été complémenté avec du 2,4-D utilisé seul aux concentrations de 1 et 2 mg.L^{-1} ou en association avec 1 g.L^{-1} de charbon actif à raison de 50 mg.L^{-1}, 75 et 100 mg.L^{-1}.

Dans ces conditions de culture, on observe une prolifération plus ou moins importante des agrégats cellulaires. L'intensité de la croissance cellulaire est apparue fortement dépendante des conditions du milieu et des génotypes étudiés.

2. Description morphologique et histocytologique des agrégats cellulaires en conditions de prolifération dans les milieux liquides

Le transfert des cals friables dans les conditions de culture en milieux liquides enrichis en 2,4-D est suivi d'une croissance active des agrégats cellulaires.

Dans les conditions expérimentales décrites, l'installation des suspensions cellulaires à partir des cals friables n'est devenue effective qu'au bout de la 2ème subculture sur les milieux enrichis en 2,4-D. Après 2 mois de culture en milieux liquides, l'observation des agrégats cellulaires de dattier révèle qu'une suspension bien établie apparaît constituée de microcals friables de couleur jaunâtre (Figure 14).

Parallèlement aux observations morphologiques effectuées toutes les semaines, nous avons réalisé des coupes histologiques à 2, 5, 9 et 10 mois de culture afin de suivre d'une part, les différentes manifestations cellulaires qui caractérisent chaque étape du développement embryonnaire et d'avoir, d'autre part une description précise de l'évolution des cultures pendant cette phase du processus de régénération.

Après l'initiation des cultures cellulaires, les observations histologiques aux différentes étapes de l'évolution des cultures embryogènes nous ont permis d'identifier les événements suivants :

(i)   Deux mois après l'introduction en milieu liquide, les suspensions apparaissent constituées de cellules embryogènes qui présentent un cytoplasme riche en amidon et en réserves lipoprotéiques. Leurs parois épaisses sont intensément colorées en rose par le réactif de Schiff. On observe des cellules embryonnaires isolées dans leur gangue polysaccharidique ainsi que des agrégats de quelques cellules de 15 µm de diamètre apparemment issues du recloisonnement d'une cellule unique initiale (Figure 15a) ;

Résultats et Discussions

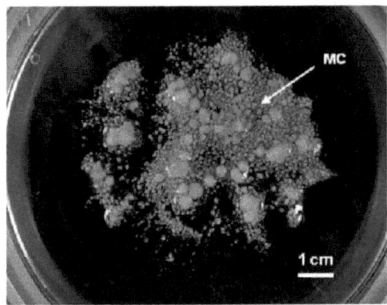

Figure 14 : **Multiplication des suspensions cellulaires de palmier dattier en milieu liquide.** Les agrégats cellulaires apparaissent constitués de microcals (MC) à texture friable en présence de 2 mg L⁻¹ de 2,4-D.

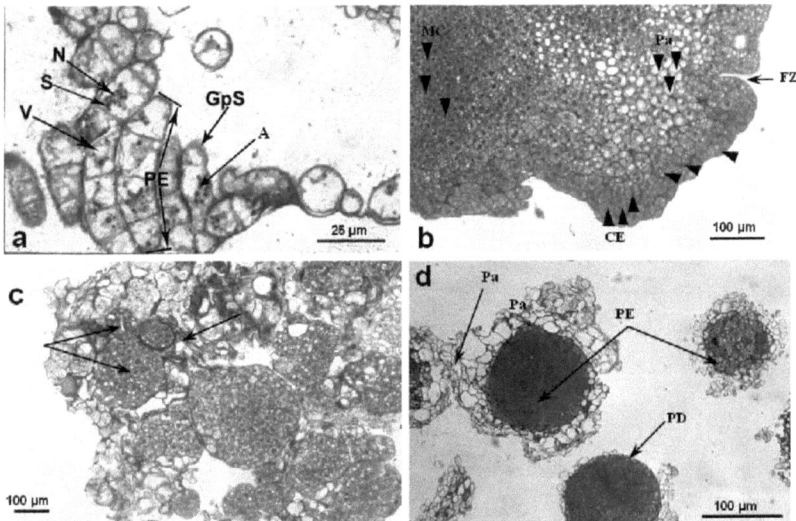

Figure 15 : **Évolution des cellules embryogènes et formation de proembryons globulaires en milieu liquide.** (**a**) : microcals friables d'une suspension cellulaire après 2 mois de culture sur un milieu contenant 2 mg L⁻¹ de 2,4-D. Les agrégats apparaissent constitués de proembryons unicellulaires (PE) isolés les uns des autres par une épaisse gangue polysaccharidique (GpS) colorée en rose par l'APS. Les cellules présentent de petites vacuoles (V) et sont riches en grains d'amidon (A) disposé tout autour du noyau (N).
(**b**) : après 5 mois de culture, les microcals embryogènes apparaissent caractérisés par une structure tri zonale : dans la partie centrale, les agrégats cellulaires sont constitués de cellules méristématiques riches en protéines solubles intensément colorées en bleu noir par le NBB; les cellules embryogènes (CE) entourées d'une gangue polysaccharidique (GpS) sont présentes à la périphérie du microcal où l'on observe des zones de fragmentation (ZF); entre la zone à cellules méristématiques et la zone à cellules embryogènes se différencient des cellules parenchymateuses fortement vacuolisées. (**c**) : agrégats cellulaires montrant après 9 mois de culture la formation de proembryons globulaires isolés dans leur gangue polysaccharidique (GpS). Ces embryons se développent au sein d'une matrice de cellules parenchymateuses dégénérescentes (Pa). (**d**) : les proembryons (PE) apparaissent entourés d'une assise cellulaire protodermique (PD) après 10 mois de culture en présence de 2,4-D.

Résultats et Discussions

(ii) après cinq mois de culture, on observe une prolifération des agrégats cellulaires qui apparaissent constitués maintenant de deux zones de cellules à gros noyaux séparées par une zone parenchymateuse. Vers l'intérieur, on observe de petites cellules méristématiques de 20 µm, à cytoplasme dense très riche en protéines solubles et, vers l'extérieur des cellules embryogènes à paroi épaisse colorée en rose par le réactif de Schiff. Leur cytoplasme moins dense, apparaît riche en amidon et en réserves lipoprotéiques (Figure 15b). Des zones de fragmentation apparaissent entre ces cellules à paroi épaissie ;

(iii) à neuf mois, on observe l'individualisation d'îlots embryogènes dans une matrice de parenchyme dégénérescent. Ces groupes de cellules s'entourent d'une gangue polysaccharidique épaisse (Figure 15c). Ils apparaissent très riches en substances de réserve de nature protéique intensément colorées en bleu sombre par le Naphtol Blue Black ;

(iv) vers le dixième mois de culture, ces agrégats cellulaires évoluent en structures globulaires bien individualisées qui s'entourent d'une assise cellulaire épidermique (Figure 15d).

3. Evaluation de la croissance des agrégats cellulaires dans les milieux liquides de prolifération

L'observation de l'évolution des agrégats cellulaires de dattier a révélé, qu'en milieux liquides, les suspensions cellulaires perdaient progressivement leur capacité de multiplication lorsqu'elles étaient maintenues pendant un séjour prolongé de 2 à 3 mois dans un même milieu de culture. Dans ces conditions, quelle que soit la concentration de 2,4-D testée, les suspensions se vitrifient et finissent par dégénérer. Ces remarques sont valables chez l'ensemble des génotypes étudiés. Ces observations nous ont incités à procéder à des cycles de repiquages réguliers, tous les mois, afin de conserver à la fois les capacités de croissance des cellules et les potentialités embryogénétiques des suspensions cellulaires.

Au fil des différentes subcultures, une croissance régulière des suspensions cellulaires initiées à partir des cals friables des cultivars Ahmar et Amsekhsi a été obtenue. Nous avons voulu préciser le comportement de ces suspensions, chez le cultivar Ahmar,

Résultats et Discussions

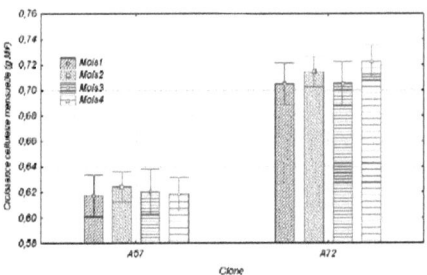

Figure n° 16 : Aptitude comparée à la prolifération cellulaire chez les clones A57 et A72 du cultivar Ahmar pendant 4 subcultures sur les milieux de multiplication des suspensions enrichis en 2.4-D.
Les valeurs présentées correspondent à la moyenne des pesées de 5 erlenmeyers / mois de culture ; barre = Intervalle de confiance au seuil de 95%.

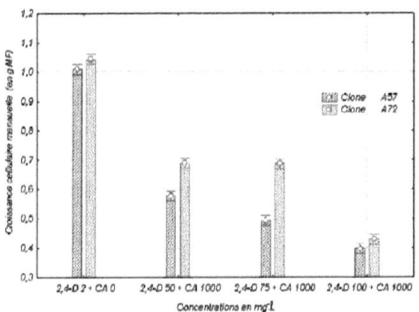

Figure 17 : Effet de l'interaction clone x milieu sur la prolifération des suspensions chez le cultivar Ahmar après 4 subcultures sur les milieux de multiplication enrichis en 2,4-D
Les valeurs présentées correspondent à la moyenne des pesées de 5 erlenmeyers / mois de culture ;
CA = Charbon Actif ; barre = Intervalle de confiance au seuil de 95%.

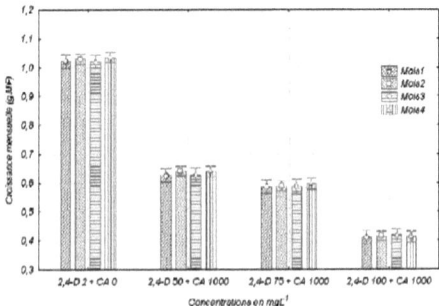

Figure 18 : Influence de la balance hormonale exogène sur la croissance des suspensions cellulaires chez le cultivar Ahmar pendant 4 subcultures dans les milieux multiplication.
Les valeurs présentées correspondent à la moyenne des pesées de 5 erlenmeyers / mois de culture ; barre = Intervalle de confiance au seuil de 95%.

lorsqu'elles sont cultivées dans les milieux de prolifération enrichis en 2,4-D. L'effet de cette auxine sur la croissance cellulaire a été évalué chez deux lignées de suspensions cellulaires de ce cultivar, A57 et A72, au cours de 4 subcultures successives en milieux liquides.

Dans nos conditions de culture, nous avons pu observer un développement direct d'embryons somatiques en milieu liquide (4 à 6 embryons par erlenmeyer) lorsqu'on utilise une concentration de 1 $mg.L^{-1}$ de 2,4-D. Toutefois, aucune prolifération des suspensions cellulaires n'est obtenue avec cette concentration d'auxine, quel que soit le clone utilisé.

En revanche, la croissance des suspensions cellulaires est favorisée lorsqu'on augmente la concentration d'auxine de 1 à 2 $mg.L^{-1}$ dans le milieu de culture. L'intensité de la croissance apparaît, dans ces conditions, variable à la fois selon le clone et le niveau de 2,4-D utilisé.

En effet les résultats de l'analyse de variance montrent qu'il existe d'une part un effet clone (F = 58,7 ; P = 0,000) (figure 16) et d'autre part, une interaction clones x milieux (F = 40,7 ; P = 0,000) (figure 17) très significatifs sur la prolifération cellulaire.

Dans nos conditions expérimentales, les résultats présentés sur la figure 16 indiquent clairement que pour le même cultivar, la fréquence de multiplication des cellules apparaît 2 à 3 fois plus élevée chez le clone A72 que chez le clone A57 pendant les 4 subcultures considérées ; autrement dit le clone A72 présente une plus grande capacité de croissance que le clone A57.

Cependant, quel que soit le clone considéré, la concentration de 2 $mg.L^{-1}$ de 2,4-D apparaît plus favorable à la prolifération cellulaire (figure 17). Cette concentration d'auxine permet d'obtenir des taux de multiplication de l'ordre 3 à 4 (1043 mg) en une mise en culture à partir d'une masse initiale de 300 mg de suspensions. En revanche, nous pouvons remarquer qu'en présence de charbon actif (à 1 $g.L^{-1}$), toute augmentation de la concentration de 2,4-D au delà de 50 $mg.L^{-1}$ entraîne une diminution significative des capacités de multiplication des cellules embryogènes chez les clones étudiés. Le clone A72 est cependant toujours supérieur au clone A57 en terme de multiplication cellulaire.

Toutefois, les résultats de la figure 18 nous permettent d'observer les caractéristiques de croissance d'une suspension de dattier bien établie. Ces résultats indiquent que s'il existe des différences très significatives entre les différents milieux testés (F = 40,8 ; P = 0,000), la croissance cellulaire apparaît régulière et homogène dans un milieu donné lorsque la suspension est bien installée. Cette observation a été valable au fil des subcultures quel que soit le clone considéré.

3.1. Détermination du taux de croissance des agrégats cellulaires

Une comparaison multiple des moyennes (test de Newman et Keuls) portant sur le poids frais des agrégats cellulaires, permet de mettre en évidence l'influence de la séquence hormonale testée sur le taux de croissance des suspensions chez les clones A57 et A72 (Tableau 3).

Tableau 3 : Influence de la balance hormonale sur la croissance (en mg/jour) du poids frais des suspensions cellulaires chez les clones A57 et A72 cultivés sur le milieu M52 de multiplication pendant 30 jours.

Balance hormonale (mg.L^{-1})	Moyenne de croissance des clones (mg/j)	
	A57	A72
2,4-D 2	23,6 ±0,5 ^{a}	24,8 ±0,4 ^{a}
2,4-D 50*	9,3 ±0,5 ^{b}	12,0 ±0,6 ^{b}
2,4-D 75*	6,5 ±0,6 ^{c}	9,6 ±0,8 ^{c}
2,4-D 100*	3,3 ±0,4 ^{d}	4,3 ±0,5 ^{d}

* : milieux contenant 1 g.L^{-1} de charbon actif ;
Les taux de croissance correspondent à la moyenne de deux cycles de culture (1 cycle = 30 jours) ;
Les valeurs représentent la moyenne de 5 répétitions ± écart type (5 erlenmeyers x clone x balance hormonale) ;
Intervalle de confiance P = 0,95 ; comparaison des moyenne : test de Newman et Keuls au seuil de 5%.

Les résultats obtenus montrent que le taux de croissance des agrégats cellulaires dépend de la balance hormonale utilisée. En effet, quel soit le clone considéré, l'utilisation d'une balance hormonale à base de 2 mg.L^{-1} de 2,4-D permet d'obtenir les meilleurs taux de croissance de cellules.

Toutefois, la détermination du taux de croissance moyen sur quatre subcultures ne fournit pas suffisamment d'informations sur l'évolution au fil du temps du poids des suspensions des clones étudiés dans les conditions de cultures définies.

Résultats et Discussions

C'est pourquoi, nous avons mené une étude comparative de l'influence des balances hormonales testées sur l'accroissement de la matière fraîche (évolution pondérale) des suspensions cellulaires en conditions de prolifération chez les deux génotypes considérés.

3.2. Evolution pondérale de la matière fraîche des agrégats cellulaires

Chez les deux clones A57 et A72, la matière fraîche des agrégats cellulaires s'accroît avec une intensité qui varie à la fois selon la balance hormonale testée et le temps de culture (figure 19 [a et b]).

La figure 19 montre que la biomasse des agrégats cellulaires suit une croissance régulière sans phase de latence dans les milieux de prolifération définis. L'utilisation de concentrations élevées de 2,4-D en présence de charbon actif ne favorise pas la croissance cellulaire. En revanche, nous pouvons remarquer que quel que soit le génotype considéré, il apparaît clairement que la concentration de 2,4-D de 2 mg.L^{-1} sans charbon actif est plus favorable à la croissance des cellules.

Par ailleurs, la croissance des cellules apparaît maximale entre le 7ème et le 14ème jour de culture. Elle diminue ensuite régulièrement jusqu'à la 4ème semaine.

Afin de mieux visualiser le gain de matière fraîche obtenu, nous avons calculé pour chaque milieu et chaque intervalle de temps, la vitesse de croissance des suspensions cellulaires définie par : $V \text{ (mg / jour)} = [(Pf_{n+1} - Pf_n) / (t_{n+1} - t_n)]$ ou Pf_{n+1} et Pf_n représentent respectivement le poids de matière fraîche aux t_{n+1} et t_n.

La figure 20 (a et b) représente l'évolution de la vitesse de croissance (en mg / jour) en fonction du temps des agrégats cellulaires chez les deux clones étudiés, lorsqu'on les cultive dans les milieux de prolifération. Elle apparaît variable selon les balances hormonales testées.

Dans nos conditions expérimentales, la vitesse de croissance maximale des suspensions cellulaires est obtenue chez les clones A72 (figure 20a) et A57 (figure 20b) en présence d'une concentration de 2,4-D de 2 mg.L^{-1}. Aux concentrations testées, la vitesse maximale est atteinte au 14ème jour de culture (gain de matière fraîche optimale).

Résultats et Discussions

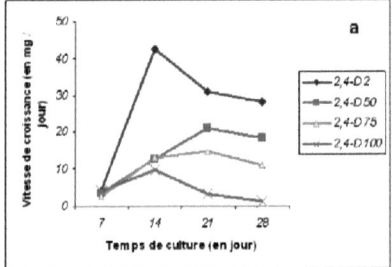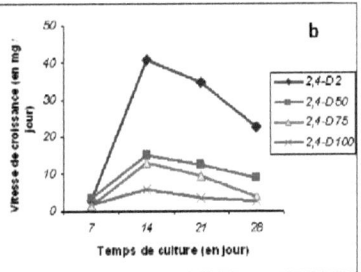

Figure 19 (a et b) : Effet de 4 balances hormonales (en mg.L-1) sur la croissance des suspensions cellulaires chez les clones A72 (Figure 14 a) et A57 (Figure 14 b) après un cycle de culture d'un mois sur le milieu M52.
Chaque valeur est la moyenne de 5 répétitions (5 erlenmeyers / condition de milieu).

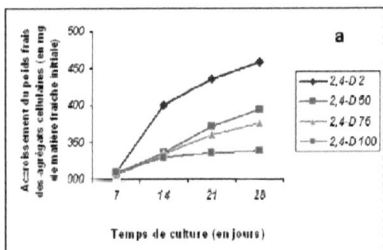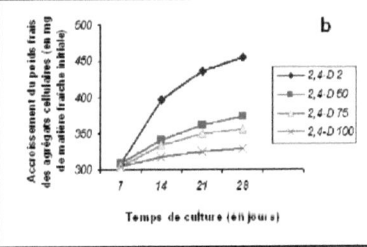

Figure 20 (a et b) : Effet de 4 balances hormonales (en mg.L-1) sur l'évolution de la vitesse de croissance des suspensions cellulaires chez les clones A72 (Figure 13 a) et A57 (Figure 13 b) du cultivar Ahmar après un mois de culture sur le milieu M52.
Chaque valeur est la moyenne de 5 répétitions (5 erlenmeyers / condition de milieu).

4. Conclusion

Les données morpho-histocytologiques révèlent que l'initiation de l'embryogenèse somatique, à partir des cals friables de dattier, intervient dans les milieux liquides de prolifération, vers le 2ème mois de culture. Elle aboutit à la formation de proembryons bien épidermisés vers le 10ème mois de culture après subculture chaque mois.

L'analyse comparative de l'influence de deux auxines sur la croissance des agrégats cellulaires de palmier dattier, montre que le 2,4-D est plus efficace que l'ANA pour conserver à la fois les capacités de croissance des cellules et les potentialités embryogénétiques des suspensions cellulaires. A la concentration de 2 mg.L^{-1}, le 2,4-D permet d'optimiser le gain de matière fraîche des agrégats cellulaires au bout d'un cycle de culture d'un mois sur milieu de prolifération. Cette concentration d'auxine a donc été retenue pour la maintenance des suspensions embryogènes chez les génotypes de palmier dattier étudiés.

Du point de vue pratique, nous avons pu ainsi mettre en place et entretenir en milieu liquide une collection de lignées de suspensions embryogènes d'aspect homogène tant du point de vue de la croissance que du point de vue morphogénétique.

Toutefois, quel que soit le génotype considéré, les agrégats cellulaires d'une suspension bien établie ont une croissance rapide dont l'optimum se situe entre le 7ème et 14ème jour de culture. Ils présentent un taux de multiplication qui varie entre 3 et 4 pour une biomasse initiale de 300 mg de poids frais au bout d'un mois de multiplication.

5. Discussion

L'initiation des suspensions cellulaires est apparue comme une étape cruciale mais très critique du procédé de régénération chez le palmier dattier en milieu liquide. Nos résultats ont montré que la réussite de cette étape est conditionnée par l'obtention de cals friables granulaires. Dans nos conditions de culture, deux subcultures ont été nécessaires pour installer, à partir de ce type de cals, des suspensions cellulaires en présence de 2,4-D. Teixeira *et al.* (1995) avaient également souligné l'importance de l'utilisation des tissus embryogènes friables, comparables aux cals décrits ici, pour installer les suspensions cellulaires chez le palmier à huile. En effet, en comparant, chez cette espèce, la croissance des suspensions cellulaires obtenues à partir de cals friables et de cals compacts, ces auteurs ont constaté qu'en présence de 2,21 mg.L^{-1} de 2,4-D, les taux de croissance pouvaient être multipliés par 9 lorsque les suspensions sont initiées avec des tissus friables. Dans le cas de notre étude, l'analyse différentielle des concentrations d'auxine testées pendant cette étape a également révélé que le 2,4-D à 2 mg.L^{-1} permet d'optimiser la croissance des suspensions cellulaires chez les cultivars utilisés. Contrairement à l'ANA qui est apparu fortement rhizogène en milieu liquide, le 2,4-D offre un meilleur compromis entre la croissance cellulaire et le maintien des potentialités embryogénétiques des suspensions cellulaires chez le palmier dattier.

Toutefois, les différences de croissance observées en milieux liquides entre clones d'un même cultivar suggèrent que l'optimisation des procédés de régénération chez le palmier dattier devrait nécessairement intégrer la prise en considération des besoins physiologiques propres aux génotypes utilisés.

Les proembryons de palmier dattier se développent, dans les milieux de prolifération, au sein d'une matrice de cellules parenchymateuses dégénérescentes. Le suivi histologique de l'évolution des masses cellulaires embryogènes pendant dix subcultures nous a permis de décrire, chez le palmier dattier, les différentes voies de la pro embryogenèse déjà observées chez de nombreuses autres espèces végétales (Schwendiman *et al.*, 1990 ; Verdeil *et al.*, 2001 ; Sané *et al.*, 2001). La première correspond à une embryogenèse d'origine typiquement unicellulaire où les cellules embryogènes, en segmentation active, s'entourent d'une épaisse gangue de nature polysaccharidique leur conférant un isolement physique de l'environnement tissulaire adjacent indispensable à l'expression des potentialités embryogénétiques (Lowe *et al.*, 1985). La seconde voie est celle de l'embryogenèse d'origine pluricellulaire qui débute, chez le dattier, par une déstructuration de la surface des masses cellulaires embryogènes, suivie de l'apparition de lignes de fragmentation qui séparent, de place en place, par une gangue polysaccharidique, des groupes de cellules méristématiques. Ultérieurement, les cellules périphériques de ces masses cellulaires se différencient en protoderme délimitant ainsi les proembryons pluricellulaires. Cette voie se rapproche de l'embryogenèse zygotique à caractère primitif du cocotier décrite par Haccius et Philip (1979).

Toutefois, l'orientation vers l'une ou l'autre des deux voies de l'embryogenèse s'accompagne d'une importante accumulation de substances de réserves de nature amylacée et / ou protéique qui serait un bon indicateur du développement des tissus vers l'embryogenèse (Shwendiman *et al.*, 1988 ; Verdeil *et al.*, 2001).

CHAPITRE 3 : Développement des embryons somatiques

La recherche des conditions favorables à la conversion des proembryons en embryons globulaires et leur développement en embryons pourvus d'un axe bipolaire fonctionnel est une étape essentielle dans la mise en place d'un schéma de régénération par la voie embryogène.

Le développement des embryons somatiques peut être favorisé de plusieurs façons :
- par suppression ou réduction progressive de la concentration de 2,4-D (Sané et al. 2001) ;
- par un bref passage (3 jours) des structures globulaires sur milieu de multiplication contenant de faibles concentrations de 2,4-D suivi de leur transfert sur milieu de développement enrichi en cytokinine (Bercetche, 1989) ;
- ou par adjonction au milieu de culture de régulateurs de croissance comme l'ABA qui favoriseraient la maturation des embryons et permettraient de synchroniser le développement des structures globulaires en structures embryonnaires bipolaires (Aberlenc-Bertossi et al., 1999).

Les expérimentations précédentes nous ont permis de définir chez les génotypes étudiés, quelques conditions favorables à la croissance des agrégats cellulaires et à l'initiation de la proembryogenèse en milieu liquide chez le dattier.

Dans cette partie nous avons voulu identifier chez les cultivars étudiés, des milieux de culture qui soient favorables à la croissance et au développement des embryons globulaires obtenus.

La recherche a été effectuée à partir d'une suspension cellulaire à croissance régulière et très homogène issue des milieux de prolifération des agrégats cellulaires.

1. Présentation des conditions de développement des embryons somatiques

Les conditions du développement et de la mise en place d'un axe apico-basal fonctionnel chez l'embryon somatique à partir des proembryons globulaires apparaissent variable d'une espèce végétale à une autre. Un rééquilibrage des milieux de culture en particulier de la balance hormonale en faveur des cytokinines apparaît le plus

Résultats et Discussions

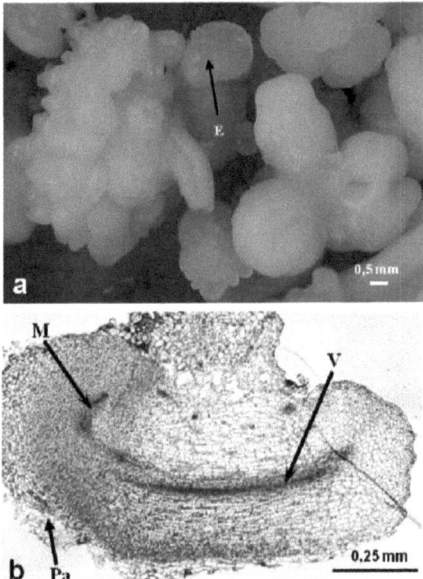

Figure 21 : Développement des proembryons en embryons somatiques de stade I après deux semaines de culture sur milieu dépourvu de régulateurs de croissance exogènes. (**a**) : les embryons (E) sont facilement reconnaissables grâce à leur aspect luisant lié à la présence du protoderme. (**b**) : coupe longitudinale d'un embryon de stade I montrant la mise en place de la vascularisation (V) et la présence de la zone M à l'origine de la future de la racine.

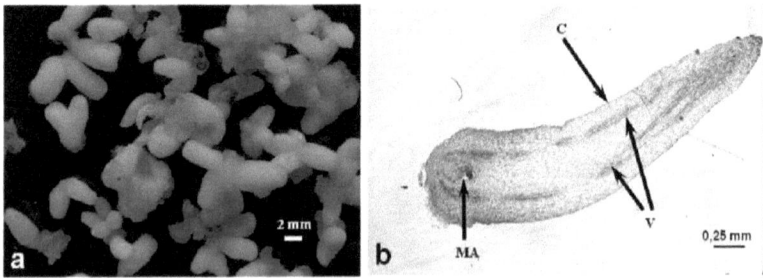

Figure 22 : Développement des embryons somatiques de palmier dattier après 4 semaines de culture sur milieu dépourvu de régulateurs de croissance. (**a**) : embryons somatiques de stade II en vue macro; (**b**) : coupe longitudinale de l'embryon de stade II montrant la présence du méristème apical (MA) et celle du tissu vasculaire (V) bien différencié dans le limbe cotylédonaire (C).

Résultats et Discussions

souvent nécessaire pour assurer une bonne conversion des nodules embryogènes en embryons somatiques bipolaires.

Nos avons pu observer dans nos conditions expérimentales, que les milieux de croissance des suspensions cellulaires précédemment décrits induisaient la formation de nodules embryogènes bien épidermisés, mais ne permettaient pas leur développement. Le 2,4-D induit donc la formation des proembryons globulaires, mais inhibe leur évolution ultérieure en embryons bipolaires.

Ces observations nous ont incités à changer nos conditions de milieux de culture. Dans le but d'optimiser le développement des embryons globulaires formés et de favoriser la mise en place de l'axe apico-basal chez ces embryons, les suspensions cellulaires sont d'abord cultivées pendant un mois dans un milieu sans hormone, puis étalées pendant une semaine sur des milieux semi solides enrichis de BAP (0 mg.L^{-1}; 0,5 ; 1 ; 1,5 et 2 mg.L^{-1}). Elles ont enfin été transférées pendant 2 semaines sur des milieux enrichis en ABA (0 µM; 10 ; 25 et 50 µM) ou en saccharose (30 g.L^{-1}; 60 ; 90, 120 et 240 g.L^{-1}). Les conditions minérales testées sont celles des milieux de Murashige et Skoog (1962) [milieu MS] et du milieu de base MS modifié par Rabéchault et Martin (1976) [milieu M52].

Dans ces conditions de culture, une importante activité morphogénétique s'observe à partir des agrégats cellulaires. L'intensité de cette activité apparaît fortement dépendante des conditions du milieu.

2. Description morphologique et histocytologique du développement des embryons somatiques

Lorsque les suspensions cellulaires sont cultivées pendant un mois dans un milieu liquide sans hormone, puis étalées pendant une semaine sur un milieu semi solide enrichi en BAP, les embryons somatiques deviennent bien visibles au bout de la 2ème semaine de culture sur les milieux dépourvus d'hormones. Durant cette période, on observe des embryons de stade I caractérisés par une longueur moyenne de 1,5 mm et un diamètre moyen de 1 mm. Ces embryons d'aspect translucide, sont bien épidermisés et ont une forme ovoïde (Figure 21a). A ce stade du développement, les coupes histologiques montrent la mise en place de la vascularisation chez l'embryon somatique

Résultats et Discussions

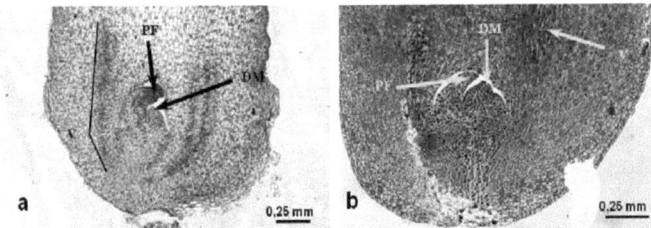

Figure 23 : Coupes histologiques de l'embryon somatique de stade II et de l'embryon zygotique après 1 jour d'imbibition montrant le détail des méristèmes caulinaires. Méristème apical de l'embryon somatique (**a**) et de l'embryon zygotique (**b**) montrant le dôme méristématique (DM) bien structuré, un primordium foliaire (PF) et le tissu vasculaire (V). Comparé à l'embryon somatique, l'embryon zygotique apparaît plus riche en protéines solubles intensément colorées en bleu par le NBB.

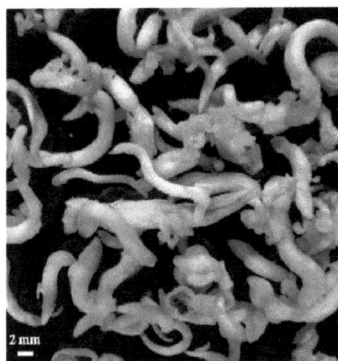 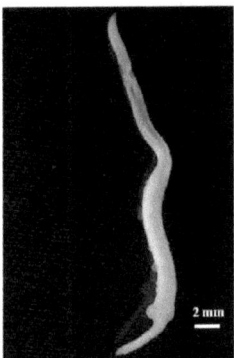

Figure 24 : Embryons somatiques de stade III obtenus après 6 semaines de culture sur milieu sans hormone.

Figure 25 : Germination de l'embryon somatique de palmier dattier. (C) : cotylédon ; (R) : racine.

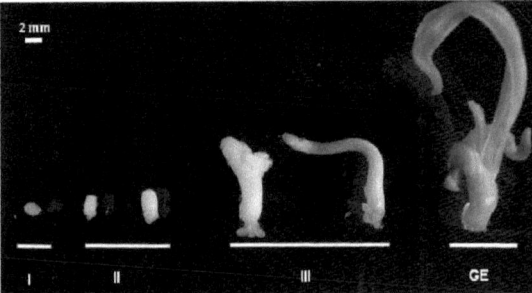

Figure 26 : Les différents stades de développement des embryons somatiques. Les embryons somatiques de stade I ont un diamètre < 2mm ; au stade II, ils s'allongent et ont une taille variable entre 2 et 4 mm ; au stade III, le cotylédon se développe et devient chlorophyllien. L'embryon est considéré comme germé (GE) lorsque la première feuille apparaît à travers le cotylédon.

de dattier ainsi que celle des différents territoires cellulaires qui vont conduire à sa bipolarisation. A une extrémité de l'embryon on observe la région méristématique à l'origine du méristème apical et de la zone M. A l'opposé, les cellules vacuolisées forment le tissu du limbe cotylédonaire (Figure 21b).

Le développement des embryons somatiques du stade I au stade II bipolaire (longueur 4 à 5 mm, diamètre 1,5 mm) s'effectue entre la 3ème et la 4ème semaine de culture (Figure 22a). En coupe longitudinale, l'embryon de stade II présente un système vasculaire bien différencié dans le limbe cotylédonaire et son méristème caulinaire apparaît déjà bien structuré (Figure 22b). Le pôle caulinaire est constitué d'un dôme méristématique entouré d'un primordium foliaire (Figure 23a) similaires à ceux d'un embryon zygotique après un jour de germination (Figure 23b). Toutefois, l'embryon zygotique apparaît plus riche en réserves protéiques intensément colorées en bleu noir par le Naphtol Blue Black.

Vers la 6ème semaine de culture, les embryons de stade II évoluent en embryons somatiques chlorophylliens de stade III (longueur 10 à 11 mm, diamètre 1,7 à 2 mm) (Figure 24). Les embryons de ce stade s'orientent directement vers la germination (Figure 25).

3. Influence des milieux de culture sur le développement des embryons somatiques

Dans les conditions de culture définies précédemment, l'évolution des embryons somatiques de dattier du stade globulaire au stade III (Figure 26) s'effectue assez rapidement durant les 6 semaines après leur transfert sur les milieux semi solides de développement (Tableau 4).

Résultats et Discussions

Tableau 4 : Evolution des embryons somatiques de palmier dattier pendant 6 semaines de culture sur les milieux de développement.

Stade de développement	Durée de culture	Longueur des embryons (mm) ± Ecart type	Diamètre des embryons (mm) ± Ecart type	Poids des embryons (mg) ± Ecart type
I	1 à 2 semaines	1,4 ±0,2	0,75 ± 0, 02	0,9 ± 0,05
II	3 à 4 semaines	5,5 ± 0,4	1,5 ± 0,3	7,3 ±0,5
III	5 à 6 semaines	10,5 ± 0,5	2 ± 0,5	14,9 ± 0,6

Les valeurs correspondent à des moyennes calculées à partir de 24 embryons / stade de développement.

Les effets de la BAP, de l'ABA et du saccharose sur la croissance cellulaire, la croissance et le développement des embryons ont été étudiés, durant cette période de culture, dans les conditions des milieux MS et M52.

3.1. Influence du milieu de base sur la croissance cellulaire et le développemnt des embryons somatiques

La croissance et le développement des embryons somatiques à partir des agrégats cellulaires dépendent étroitement de la solution minérale utilisée. Un milieu de culture riche en ions ammoniums apparaît le plus souvent favorable au développement des embryons (Bourgkard *et al.*, 1988).

Chez les génotypes étudiés, les conditions des milieux de base MS et M52 ont été éprouvées en vue d'optimiser le développement des embryons somatiques de dattier. Les résultats présentés sur la figure 27 montrent l'évolution de la masse de matière fraîche des embryons somatiques pendant 5 semaines de culture dans ces deux milieux.

Ces résultats révèlent une évolution identique de la masse de matière fraîche des embryons somatiques durant les 4 premières semaines de croissance sur les milieux MS et M52. Cette durée de culture correspond aux stades I et II de développement des embryons somatiques.

Les différences de croissance ne deviennent significatives que vers la 5ème semaine de culture qui marque le passage des embryons du stade II au stade III.

Durant cette période, le développement des embryons apparaît significativement plus rapide sur le milieu MS que sur le milieu M52.

Résultats et Discussions

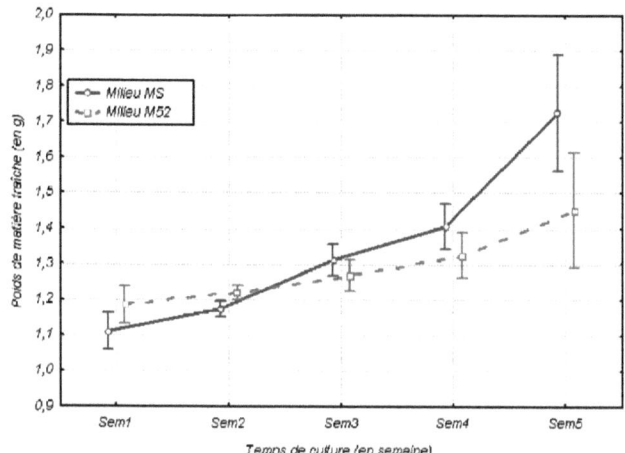

Figure 27 : Influence des conditions minérales des milieux MS et M52 sur l'évolution du poids frais au cours de la différenciation des embryons somatiques pendant 5 semaines de culture.

Les valeurs présentées correspondent à la moyenne des pesées de 5 boîtes de Petri / semaine de culture ; barre = Intervalle de confiance au seuil de 95%.

Résultats et Discussions

Après 6 semaines de culture, l'influence de ces deux milieux a été également évaluée sur la croissance et le développement des embryons somatiques. Le traitement statistique des données révèlent des différences significatives à la fois sur la croissance (F = 7,93 ; P = 0,000) et sur le développement des embryons somatiques (F = 2,07 ; P = 0,024) lorsqu'on cultive les agrégats cellulaires dans les milieux MS et M52. En effet, les résultats présentés dans le Tableau 5 montrent que la croissance cellulaire exprimée par la masse moyenne de matière fraîche des embryons apparaît 1,2 fois plus importante dans le milieu MS que dans le milieu M52. Il en est de même des rendements en embryons somatiques exprimés par le nombre total d'embryons produits qui apparaissent également significativement plus élevés dans le milieu MS avec 239 embryons somatiques / boîte de Petri soit une augmentation de + 91 embryons / boîte de Petri par rapport au milieu M52.

Tableau 5 : **Influence de la composition minérale des milieux MS et M52 sur la croissance cellulaire et le développement des embryons somatiques de palmier dattier après 6 semaines de culture.**

Milieux de culture	Masse moyenne de matière fraîche des embryons / boîte de Petri (en mg)	Nombre moyen d'embryons somatiques / boîte de Petri
MS	1700 [a]	239 [a]
M52	1400 [b]	148 [b]

Les moyennes sont calculées à partir de 6 boîtes de Petri / condition de milieu ; chaque boîte de Petri contenait initialement 40 mg de suspensions cellulaires ;
Comparaison des moyennes : test de Newman et keuls au seuil de 5%.

3.2. Influence de la composante hormonale sur la croissance cellulaire et le développement des embryons somatiques

Dans l'ensemble, les conditions du milieu milieu MS sont apparues plus favorable à la croissance cellulaire et au développement des embryons somatiques des génotypes de dattier étudiés que celles du milieu M52. Nous nous sommes donc proposé de poursuivre, avec ce milieu, l'étude de l'influence de la balance hormonale sur la croissance et le développement de ces embryons à partir des agrégats cellulaires de dattier lorsqu'ils sont soumis aux conditions d'expression de l'embryogenèse.

3.2.1. Influence de la BAP sur la croissance cellulaire et le développement des embryons somatiques

Dans nos conditions expérimentales, la croissance cellulaire et le développement des embryons somatiques ont été obtenus après culture pendant un mois des suspensions cellulaires dans un milieu liquide sans hormone suivi de leur étalement pendant une semaine sur milieux enrichis en BAP. Dans ces conditions, les embryons somatiques se développent très rapidement sur le milieu MS dépourvu d'hormone. L'évolution de ces embryons aboutit à la 2ème semaine de culture à l'apparition des embryons somatiques de stade I déjà décrits (Figure 21a).

Les résultats présentés dans le Tableau 6 révèlent que le développement de ces embryons peut être optimisé par un traitement d'une semaine à la BAP à 0,5 mg. L^{-1} (en moyenne 29 à 30 embryons individualisés à partir de 40 mg de suspensions cellulaires). Cette concentration hormonale offre un meilleur compromis entre la croissance cellulaire exprimée par la masse de matière fraîche et le développement des embryons individualisés.

Tableau 6 : Influence de la BAP sur l'évolution de la masse de matière fraîche des suspensions cellulaires et le développement des embryons somatiques après 5 semaines de culture sur milieu MS sans hormone.

Concentrations de BAP (en mg.L^{-1})	Masse d'embryons (en g) / boîte de Petri	Nombre d'embryons individualisés / boîte de Petri	Nombre d'embryons vitrifiés / boîte de Petri
0	1,37 ^{c}	21 ^{b}	1 ^{e}
0,5	1,50 ^{b}	29 ^{a}	1,5 ^{d}
1	1,63 ^{ab}	18 ^{c}	3 ^{c}
1,5	1,66 ^{ab}	14 ^{d}	4,7 ^{b}
2	1,77 ^{ab}	11 ^{e}	5,1 ^{a}

Les moyennes sont calculées à partir de 5 répétitions / condition de milieu ;
Comparaison des moyennes : test de Newman et Keuls au seuil de 5%.

Dans nos conditions de culture, il apparaît que toute augmentation de la concentration de cytokinine, au delà de 0,5 mg.L^{-1} de BAP, entraîne une baisse significative du nombre d'embryons individualisés et parallèlement une augmentation également très significative du nombre d'embryons vitrifiés ($F = 6,61$; $P = 0,000$). Ces observations ont été valables chez l'ensemble des génotypes étudiés.

Résultats et Discussions

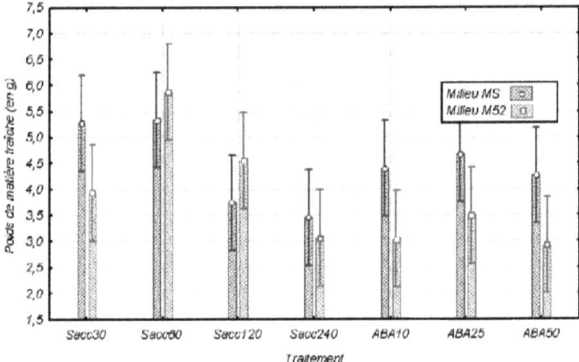

Figure 28 : Croissance du poids frais (en g) des embryons somatiques après 2 semaines de culture (5ème et 6ème semaine) sur les milieux MS et M52 enrichis en saccharose et en ABA.
Les valeurs présentées correspondent à la moyenne des pesées de 5 boîtes de Petri / semaine de culture ; barre = Intervalle de confiance au seuil de 95%.
Sacc30 = saccharose 30 g L-1 et ABA = 0 ; Sacc60 = saccharose 60 g L-1 et ABA = 0
Sacc120 = saccharose 120 g L-1 et ABA = 0 ; Sacc240 = saccharose 240 g L-1 et ABA = 0
ABA10 = ABA 10 µM et Sacch = 30 g L-1 ; ABA25 = ABA 25 µM et Sacch = 30 g L-1
ABA50 = ABA 50 µM et Sacch = 30 g L-1.

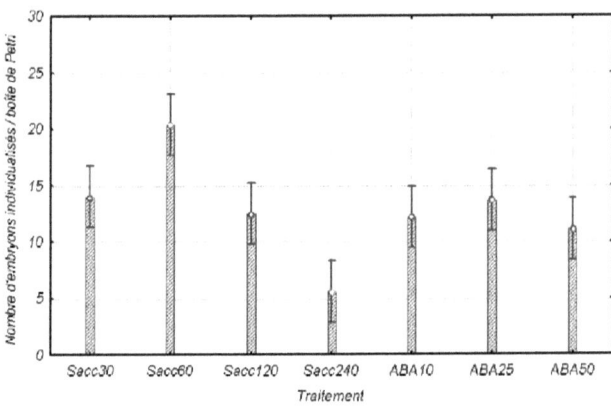

Figure 29 : Effet d'un traitement de 2 semaines (5ème et 6ème semaine) au saccharose et à l'ABA sur la production d'embryons somatiques individualisés à partir des suspensions cellulaires chez le cultivar Ahmar.
Les valeurs présentées correspondent à la moyenne de 5 répétitions (5 boîtes de Petri) / traitement ; barre = Intervalle de confiance au seuil de 95%.
Sacc30 = saccharose 30 g L-1 et ABA = 0 ; Sacc60 = saccharose 60 g L-1 et ABA = 0
Sacc120 = saccharose 120 g L-1 et ABA = 0 ; Sacc240 = saccharose 240 g L-1 et ABA = 0
ABA10 = ABA 10 µM et Sacch = 30 g L-1 ; ABA25 = ABA 25 µM et Sacch = 30 g L-1
ABA50 = ABA 50 µM et Sacch = 30 g L-1.

Résultats et Discussions

3.2.2. Influence de l'ABA et du saccharose sur le développement des embryons somatiques

Des suspensions cellulaires de dattier ont été cultivées pendant 2 semaines (de la 4ème à la 5ème semaine) sur des milieux de développement des embryons en présence d'ABA à 10 µM, 25 et 50 µM ou de saccharose à 30 g.L^{-1}, 60, 90 et 120 et 240 g.L^{-1}.

Nous avons déjà observé que l'évolution des embryons somatiques du stade I au stade II s'effectuait entre la 3ème et la 4ème semaine sur les milieux de développement. La croissance et le développement de ces embryons sont apparus plus ou moins intenses selon les concentrations d'ABA ou de saccharose testées. En effet, les résultats de l'analyse de variance indiquent des différences très significatives tant sur la croissance des embryons (F = 2,07 ; P = 0,02) que sur le nombre d'embryons individualisés par boîte de Petri (F = 4,97 ; P = 0,000) lorsqu'on transfère les embryons sur milieux enrichis en saccharose ou en ABA. Les résultats présentés sur la figure 28 montrent l'effet différentiel des concentrations d'ABA et de saccharose sur la croissance cellulaire exprimée par la masse de matière fraîche des embryons au bout de 6 semaines de culture sur les milieux de développement des embryons somatiques. La croissance des embryons apparaît favorisée par des concentrations de 30 à 60 g.L^{-1} de saccharose. Au delà de cette gamme, le saccharose devient inhibiteur de la croissance. En revanche, aucune différence significative ne s'observe sur la croissance quand l'ABA est ajouté aux milieux de culture. Ces observations sont aussi valables en ce qui concerne les rendements en termes de production d'embryons individualisés (figure 29). La production d'embryons individualisés est optimisée en présence 60 g.L^{-1} de saccharose avec en moyenne 23 embryons de stade II par boîte de Petri. Dans nos conditions expérimentales, le saccharose inhibe le développement des embryons à la concentration de 120 g.L^{-1}. Cette concentration de sucre favorise l'apparition de touffes d'embryons fusiformes de très petite taille (2 à 3 mm de long) de couleur blanchâtre et entraîne finalement leur dégénérescence. Ces observations ont été réalisées chez l'ensemble des génotypes étudiés.

4. Conclusion

L'étude comparative de l'influence du milieu de culture sur l'expression de la morphogenèse embryonnaire à partir des suspensions cellulaires de dattier révèle que le milieu MS est plus favorable à la croissance cellulaire et au développement des embryons somatiques que le milieu M52. Ce milieu permet d'optimiser le développement des embryons après 6 semaines de culture sur milieu d'expression de l'embryogenèse.

L'analyse de l'influence de la balance hormonale au cours de la morphogenèse embryonnaire révèle que l'application transitoire de la BAP à 0,5 mg.L^{-1} pendant une semaine est très favorable à l'expression de l'embryogenèse et à l'histo-différenciation chez l'embryon somatique de palmier dattier. Par ailleurs, il s'avère que le saccharose, dans la gamme 30 à 60 g.L^{-1}, est plus favorable que l'ABA à la production d'embryons individualisés. Dans cette gamme de concentration, le saccharose offre un meilleur compromis entre la croissance cellulaire et l'évolution des embryons somatiques du stade I au stade II.

Toutefois, malgré une grande similitude morphologique avec l'embryon zygotique, les tissus de l'embryon somatique de dattier apparaissent très pauvres en substances de réserves. De plus, dès le stade III de développement, l'embryon somatique s'oriente vers la germination.

5. Discussion

Nos précédents résultats ont montré, en milieux liquides, une évolution des cellules embryogènes en proembryons bien épidermisés mais dont le développement demeure bloqué à ce stade au fil des subcultures dans les milieux de cultures enrichis en 2,4-D. Des observations similaires ont été faites chez *Phœnix canariensis* par Huong *et al.* (1999). Pour assurer le développement des embryons somatiques, il apparaît nécessaire d'effectuer un rééquilibrage de la balance hormonale en faveur des cytokinines (Dhedh'A *et al.*, 1991). Chez le palmier à huile, Aberlenc-Bertossi *et al.* (1999) avaient observé que la culture des suspensions cellulaires pendant un mois dans un milieu liquide sans hormone, suivi de l'étalement des cellules pendant une semaine sur un milieu enrichi en BAP favorise la croissance des proembryons qui évoluent du stade globulaire au stade bipolaire. Verdeil *et al.* (2001) avaient également remarqué qu'une réduction de la concentration de 2,4-D suivie de l'addition de BAP dans le milieu complétait la différenciation des proembryons en embryons bipolaires chez le cocotier. L'importance de la BAP au cours de cette phase du développement est confirmée par notre étude. En effet, l'application transitoire de cette cytokinine à 0,5 mg.L^{-1} nous a permis d'optimiser, à partir des suspensions cellulaires de palmier dattier, le développement rapide des proembryons dont le passage par les stades I, II et III précédemment définis s'effectue après seulement 5 semaines de culture.

Le suivi histologique des cultures pendant cette étape du développement a révélé que l'application transitoire de la BAP favorise l'apparition de territoires méristématiques dont les divisions successives aboutissent à la mise en place de l'axe embryonnaire entre la 3ème et la 4ème semaine de culture.

Une des différences fondamentales entre l'embryon somatique et l'embryon zygotique est la très faible accumulation des substances de réserve au cours du développement de l'embryon somatique. Cependant, chez *Brassica napus*, Crouch (1982) remarque que ce sont les mêmes types de protéines de réserve qui sont identifiées chez les deux types d'embryons. Chez le palmier à huile, Morcillo *et al.* (1998) ont montré l'accumulation différentielle de la même globuline 7S pendant la phase de maturation des embryons somatiques et zygotiques. Chez cette espèce, les réserves protéiques sont accumulées plus précocement au cours du développement de l'embryon somatique, mais en quantité nettement moins importante que chez l'embryon zygotique. Les résultats obtenus chez le palmier dattier apparaissent similaires.

En résumé, nous avons pu observer, chez le palmier dattier, durant les étapes précoces de l'embryogenèse en milieu liquide, une accumulation importante d'amidon et de protéines de réserve. Cette observation rejoint celle de Shwendiman *et al.* (1988) qui remarquent, chez le palmier à huile, que l'accumulation précoce de lipides de réserve constituerait un bon indicateur de l'acquisition des potentialités embryogènes des tissus. Ensuite, en accord avec les observations faites sur d'autres espèces, les étapes tardives de l'embryogenèse somatique conduisant au développement des embryons sont caractérisées par une extrême pauvreté des tissus en substances de réserves.

Résultats et Discussions

CHAPITRE 4 : Germination des embryons somatiques et analyse de la conformité des vitroplants

La germination de l'embryon somatique, autrement dit sa conversion en vitroplant constitue très certainement l'une des étapes les plus cruciales du processus de régénération par la voie embryogène. En effet, chez de nombreux systèmes végétaux, l'étape de la germination des embryons apparaît souvent comme une étape mal maîtrisée et peut constituer de ce fait une limite aux procédés de régénération.

Nous avons déjà pu observer que les embryons somatiques de dattier s'orientaient directement vers la germination lorsqu'on les cultivait dans les conditions de culture précédemment décrites. Le développement de l'axe embryonnaire se traduit, de façon générale, par la croissance simultanée des méristèmes caulinaire et racinaire lorsque les embryons sont bien individualisés. Toutefois, ces embryons développent le plus souvent un système racinaire peu fonctionnel, constitué de racines grêles et fragiles qui se dessèchent au cours de la culture. Cette dégénérescence du système racinaire ralentit la croissance et le développement des vitroplants. La formation d'un système racinaire vigoureux est nécessaire pour une bonne assimilation des éléments nutritifs du milieu.

Dans le but de favoriser simultanément la croissance de la pousse feuillée ainsi que le développement d'un système racinaire vigoureux chez les vitroplants de dattier, les embryons somatiques de stade III, sont cultivés sur les milieux MS et M52 additionnés ou non d'ANA à 1 $mg.L^{-1}$.

Dans ces conditions de culture, les embryons germent et développent une pousse feuillée et une racine. L'intensité de la croissance de la pousse feuillée et de la racine ainsi que la morphologie du système racinaire qui se met en place au cours du développement des vitroplants sont apparues très variables selon les conditions de culture utilisées.

Résultats et Discussions

1. Les conditions de la germination et du développement des embryons somatiques en vitroplants

1.1. Influence du milieu de base sur le développement des vitroplants

Les conditions de culture définies ont permis d'observer un développement des embryons de stade III en vitroplants de dattier. Les taux de germination obtenus à partir de ces embryons de stade III sont de l'ordre de 82% (Tableau 7).

<u>Tableau 7</u> : Germination des embryons somatiques de palmier dattier de stade III après 2 semaines de culture sur milieu de germination.

Répétitions	Nombre d'embryons mis en culture	Nombre d'embryons germés	Pourcentage de germination
Essai 1	48	42	87,5
Essai 2	35	26	74,3
Total	83	68	82

La croissance et le développement des vitroplants sont apparus fortement dépendants des conditions des milieux utilisés. En effet, les résultats de l'analyse de variance au seuil de 5% révèlent que la croissance de l'appareil aérien des vitroplants ($F = 15,32$; $P = 0,000$) ainsi que le développement du système racinaire exprimé par le nombre moyen de racines produites par vitroplant ($F = 5,40$; $P = 0,001$) et la longueur moyenne de ces racines ($F = 15,31$; $P = 0,000$) sont significativement plus intenses sur le milieu MS que sur le milieu M52. Les résultats présentés dans le Tableau 8 montrent l'influence des milieux de base utilisés sur la croissance et le développement des vitroplants de dattier après 6 semaines de culture. Il ressort de ces résultats que le milieu MS permet d'optimiser non seulement la croissance et le développement de l'appareil aérien dont la longueur moyenne peut atteindre 90 à 100 mm, mais également le taux d'enracinement (98%) ainsi que la néoformation des racines (7 racines en moyenne par vitroplant) et leur croissance (3,2 cm en moyenne).

Tableau 8 : Influence des milieux de base sur la croissance et le développement des vitroplants après 6 semaines de culture.

Milieu	Longueur moyenne de l'appareil aérien / vitroplant (mm)	Nombre moyen de racines / vitroplant	Longueur moyenne des racines / vitroplant (mm)	Taux d'enracinement (%)
MS	98 ^{a}	7 ^{a}	32 ^{a}	98
M52	92 ^{b}	5 ^{b}	28 ^{b}	83

Effectifs : 48 plants / condition de milieu ;
Dans une même colonne, les lettres a et b représentent des groupes homogènes dans la comparaison des moyennes : test de Newman et Keuls au seuil de 5%.

1.2. Comparaison de la croissance *in vitro* des embryons somatiques et des embryons zygotiques

Les résultats préccédents révèlent que le milieu de base MS est favorable à la croissance des appareils aérien et souterrain des vitroplants issus du développement des embryons somatiques de dattier. Nous avons donc voulu appréhender le développement des méristèmes caulinaire et racinaire des embryons somatiques en le comparant, dans ce milieu, avec celui des embryons zygotiques prélevés sur des graines matures de palmier dattier. Les deux types d'embryons ont été répartis au hasard sur des portoirs à raison de 24 répétitions par type d'embryon. Leur croissance a été suivie pendant 45 jours.

Après 6 semaines de culture, les plants qu'ils soient d'origine somatique ou zygotique se développent sur le milieu de germination. Leur pousse feuillée s'allonge en même temps qu'ils s'enracinent.

Les résultats de l'analyse de variance révèlent des différences significatives entre plants d'origines somatique et zygotique tant sur la croissance de la pousse feuillée ($F = 8,25$; $P = 0,000$) que sur celle de la racine ($F = 30,41$; $P = 0,000$). En effet, les résultats présentés dans le Tableau 9 montrent que pour une même durée de culture, les plants d'origine zygotique développent les plus longues pousses feuillées avec en moyenne 114 mm de long contre 98 mm chez les vitroplants somatiques. La même tendance s'observe au niveau de l'axe racinaire. Une comparaison multiple des moyennes réalisées sur la croissance de la partie racinaire révèle que les plants d'origine zygotique développent les plus longues racines : 152 mm contre 32 mm en moyenne chez les somatiques.

Tableau 9 : **Allongement de la pousse feuillée et de la racine pivotante (en mm) des plants issus de la germination des embryons somatiques et des embryons zygotiques de palmier dattier après 6 semaines de culture.**

Croissance (en mm)	Somatiques	Zygotiques
Appareil aérien	98 [b]	124 [a]
Racine	32 [b]	152 [a]

Effectifs : 24 plants / type de vitroplant ;
Sur une même ligne les lettres a et b désignent des moyennes significativement différentes ; comparaison des moyennes : test de Newman et Keuls au seuil de 5%.

Ces résultats mettent en lumière deux faits essentiels :

a) les méristèmes caulinaire et racinaire des embryons zygotiques sont plus actifs que ceux des embryons somatiques. En effet, pour une même durée de culture (6 semaines), la pousse feuillée des plants d'origine zygotique apparaît 1 à 2 fois plus longue que celle des vitroplants d'origine somatique. Il en est de même pour les racines qui apparaissent 4 à 5 fois longues. Ces résultats sont valables pour l'ensemble des clones étudiés ;

b) la formation d'un système racinaire de type pivot chez les plants d'origine zygotique. Ces plants présentent une croissance de la racine plus rapide que celle de la tige et le rapport longueur tige / longueur racine (inférieur à 1) varie entre 0,7 et 0,8. En revanche, chez les vitroplants somatiques la croissance de la racine apparaît plus lente que celle de la tige. De plus, les racines formées sont moins robustes que celles développées chez les plants d'origine zygotique.

Le système racinaire de type pivot est le seul qui permette une bonne reprise des vitroplants en conditions horticoles puis au champ. La croissance plus rapide des plants d'origine zygotique par rapport à celle des vitroplants somatiques, peut être corrélée à l'accumulation plus importante des substances de réserve chez les embryons zygotiques. En effet, les coupes histologiques réalisées à partir de ces deux types d'embryons (Figure 30a et b), révèlent que les embryons somatiques produits sont très pauvres en

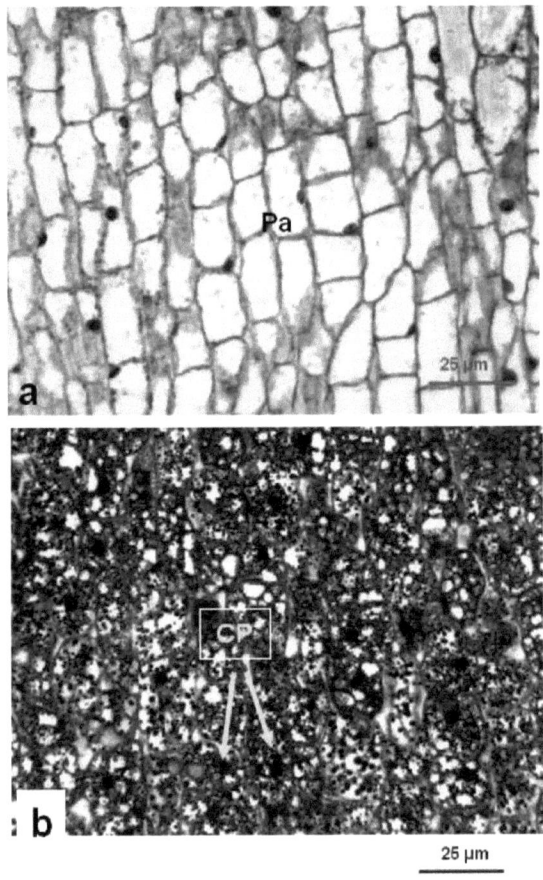

Figure 30 : Comparaison histocytologique entre l'embryon somatique et l'embryon zygotique. (**a**) : le tissu somatique apparaît très pauvre en réserves protéiques alors que (**b**) le tissu zygotique montre une très forte accumulation de corps protéiques (CP) qui apparaissent intensément colorés en noir par le NBB.

Résultats et Discussions

substances de réserve. La présence abondante des réserves, en particulier des réserves protéiques intensément colorées en noir par le Naphtol Blue Black, augmenterait l'énergie germinative des embryons zygotiques et expliquerait les différences de croissance entre les deux types de vitroplants chez le palmier dattier.

1.3. Amélioration de la croissance des vitroplants et de la morphologie du système racinaire par apport d'ANA dans les milieux de culture

L'apport d'auxine s'avère souvent indispensable, chez de nombreuses espèces végétales, pour favoriser la croissance des primordia racinaires et leur développement en un système racinaire vigoureux chez les vitroplants d'origine somatique.

Nous avons pu observer que les embryons somatiques de stade III développaient un système racinaire grêle et peu fonctionnel lorsqu'on les cultivait sur les milieux de développement précédemment décrits.

Les conditions d'une meilleure croissance des méristèmes caulinaire et racinaire des vitroplants ont été recherchées par culture des embryons sur des milieux (MS et M52) enrichis en ANA. Dans ces conditions de culture, le développement de la pousse feuillée et des racines apparaît plus ou moins intense selon que les vitroplants sont cultivés en présence ou l'absence d'ANA. En effet, les résultats de l'analyse de variance révèlent d'une part, une influence très significative du traitement hormonal sur le développement du système racinaire exprimé par le nombre de racines formées par vitroplants (F = 94,438 ; P = 0,000) et leur croissance en longueur (F = 94,438 ; P = 0,000) et d'autre part, une interaction milieu de base x auxine très significative sur le développement de l'appareil aérien et du système racinaire des vitroplants (F = 15,32 ; P = 0,000).

Après 4 semaines de culture, la morphologie du système racinaire des vitroplants est apparue dépendante de la concentration en ANA utilisée dans les milieux de culture (figures 31 et 32). En effet, dans nos conditions d'expérience, les racines produites en l'absence d'auxine apparaissent très nombreuses (11 racines en moyenne par vitroplants) (figure n°31), mais fines et plagiotropes (18 mm en moyenne) (figure n°32). En revanche, lorsque les embryons sont cultivés en présence d'ANA (1 mg.L^{-1}), les vitroplants développent une seule racine vigoureuse et orthotrope (42 mm en moyenne par vitroplant) dont la morphologie est similaire à celle obtenue lors de la germination des graines *in vitro* (Figure 34a et b).

Résultats et Discussions

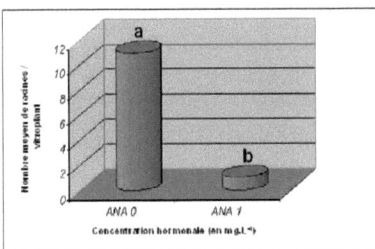 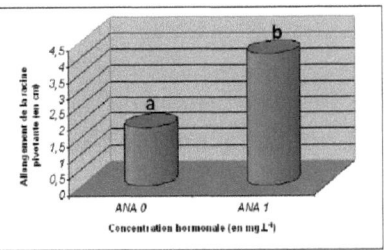

Figure 31 : Production des racines chez les vitroplants de palmier dattier en l'absence ou en présence d'ANA après 6 semaines de culture sur les milieux MS et M52
Effectif : 24 vitroplants / condition de milieu ; comparaison des moyennes : test de Newman et Keuls au seuil de 5%.

Figure 32 : Allongement de la racine pivotante (en cm) en l'absence ou en présence d'ANA chez les vitroplants de palmier dattier après 6 semaines de culture sur les milieux MS et M52.
Effectif : 24 vitroplants / condition de milieu ; comparaison des moyennes : test de Newman et Keuls au seuil de 5%.

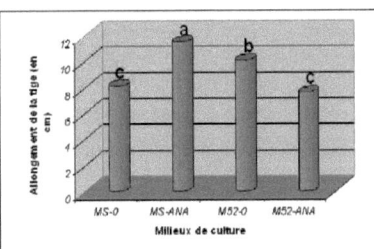 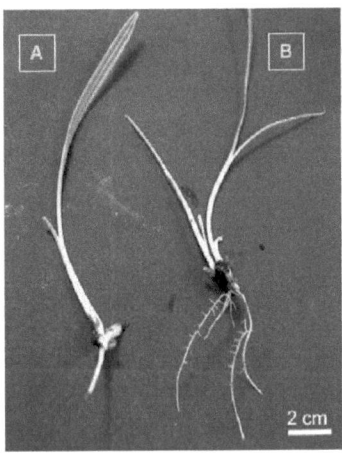

Figure 33 : Effet de l'interaction milieu de base x auxine sur l'allongement de la tige des vitroplants de palmier dattier cultivé pendant 6 semaines sur les milieux MS et M52 enrichis ou non de 1 mg L-1 d'ANA
Effectif : 24 vitroplants / condition de milieu ; comparaison des moyennes : test de Newman et Keuls au seuil de 5%.

Figure 34 : **Vitroplants enracinés 14 mois après la mise en culture de l'explant primaire.** Lorsque l'enracinement est effectué en présence de 1 mg L^{-1} d'ANA, la racine produite apparaît robuste et orthotrope (A) alors que le système racinaire qui se développe en l'absence d'auxine (B) apparaît grêle et plagiotrope.

Résultats et Discussions

En ce qui concerne l'interaction milieu de base x auxine, une comparaison multiple des moyennes montre que l'apport d'ANA dans le milieu permet d'optimiser à la fois le développement de la tige et celui du système racinaire des vitroplants. En effet, sur la figure 33 nous pouvons observer que les pousses feuillées les plus longues (longueur moyenne 115 mm) s'obtiennent sur le milieu MS additionné d'ANA. De même, l'adjonction d'ANA permet d'améliorer la qualité des systèmes racinaires par la production de racines de type pivot, robustes et orthotropes (longueur moyenne maximale de 40 à 50 mm) à la base de vitroplants après un mois de culture (Tableau 10). En revanche, en l'absence d'auxine le système racinaire apparaît constitué de touffes de racines fines (entre 9 et 13 racines par vitroplant) et plagiotropes de 14 à 23 mm de longueur en moyenne.

Tableau 10 : Effet de l'ANA et du milieu de base sur l'enracinement des embryons somatiques de palmier dattier après 6 semaines de culture.

Milieu	Nombre de racines / vitroplant	Longueur des racines / vitroplant (en mm)	Pourcentage d'enracinement
MS - 0	13 ^{a}	14 ^{d}	100
MS - ANA	1 ^{c}	49 ^{a}	96
M52 - 0	9 ^{b}	23 ^{c}	92
M52 - ANA	1 ^{c}	33 ^{b}	75
Test F	P = 0,000	P = 0,000	

Effectifs : 24 vitroplants / conditions de milieu ;
Dans une même colonne, les lettres a, b et c désignent des moyennes significativement différentes ; comparaison des moyennes : test de Newman et Keuls au seuil de 5%.

1.4. Données relatives aux performances du procédé de régénération mis en place

Le procédé de régénération développé a permis la mise en place d'une collection de 12 génotypes (clones) dont 8 du cultivar Amsekhsi et 4 clones du cultivar Ahmar. Ces clones correspondent à des lignées cellulaires homogènes tant du point de vue croissance que du point de vue expression des capacités embryogènes.

Le Tableau 11 présente le bilan de la production d'embryons somatiques chez les clones A1 du cultivar Ahmar et 14-F du cultivar Amsekhsi à l'issu de 2 mois de culture. Les résultats montrent qu'avec ce procédé, il est possible de produire à partir d'une masse initiale de 40 mg de suspensions cellulaires en moyenne 35 à 48 embryons

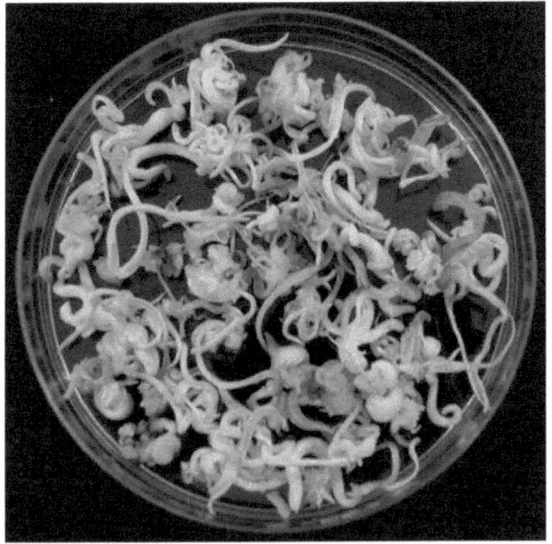

Figure 35 : Production de vitroplants de palmier dattier à partir d'une masse initiale de 40 mg de suspensions cellulaires.

individualisés qui présentent des taux importants de germination de l'ordre de 74 à 87% (Figure 35).

Ces résultats montrent que le procédé de multiplication développé peut permettre d'envisager une production en masse de clones à partir de cultivars sélectionnés. En effet, à partir d'1g de suspensions cellulaires il serait alors possible de produire 850 à 1200 vitroplants de palmier dattier.

Tableau 11 : Production et conversion d'embryons somatiques en vitroplants chez les cultivars Ahmar et Amsekhsi.

Génotypes	Nombre d'embryons de stade II / boîte de Petri	Nombre d'embryons individualisés de stade III / boîte de Petri	Nombre d'embryons germés
Ahmar clone A1	217	48 (22%)	42 (87%)
Amsekhsi clone 14-F	183	35 (19%)	26 (74%)

Les embryons sont produits à partir d'une masse initiale de 40 mg de suspensions cellulaires.
Les valeurs présentées correspondent à la moyenne de 3 répétitions / clone (3 boîtes de Petri / clone).

2. Analyse cytofluorimétrique du niveau de ploïdie des vitroplants

Les résultats qui précèdent permettent d'envisager une production régulière d'embryons somatiques et de vitroplants de palmier dattier à partir du procédé de régénération mis au point. Toutefois, les vitroplants ont été produits *via* des suspensions cellulaires initiées à partir de cals qui impliquent le passage des explants primaires par une phase de dédifférenciation cellulaire. Cette étape est potentiellement inductrice de variations du génome. Or, l'objectif principal de ce travail est de mettre en place une méthode de multiplication végétative conforme, à partir de cultivars de dattier sélectionnés, pour la réalisation des tests agronomiques multi-clonaux et multi-locaux en zone sahélienne.

Face à cette contrainte majeure, il était donc important de vérifier précocement au moins certains paramètres de la conformité des clones produits par rapport au matériel végétal de départ afin de s'assurer que la technique d'embryogenèse utilisée est bien valide pour la production de plants conformes.

Dans cette partie relative au procédé de régénération développé, nous présentons les résultats obtenus sur l'analyse de la conformité des vitroplants produits. Cette analyse a été effectuée en utilisant une approche cytogénétique basée sur la quantification de l'ADN nucléaire (qADN) par cytofluorimétrie. Cette approche permet de déterminer le niveau de ploïdie des vitroplants. Elle devrait nous permettre de mettre en évidence, dans le cas où elles existeraient, des variations du niveau de ploïdie de chaque individu testé ainsi que des variations plus faibles de la taille du génome comme l'euploïdie ou l'aneuploïdie.

Dans nos conditions expérimentales, l'utilisation d'un témoin sous forme de jeunes feuilles de riz de la variété référence Nippon Bar (2C = 1,00 pg d'ADN par noyau) a permis de quantifier la taille du génome de *Phœnix dactylifera* cv. Ahmar à 2C = 1,74 pg/noyau et cv. Amsekhsi à 2C = 1,73 pg/noyau sur les plants issus de graines et d'estimer la stabilité de ce paramètre chez les plants régénérés par culture *in vitro*. Aucune différence significative n'a été trouvée entre les différentes valeurs (F = 0,507 ; P = 0,82) (Tableau 12).

Tableau 12 : Quantification de l'ADN nucléaire à partir de cellules de tissus foliaires de semis et de clones produits à partir de suspensions cellulaires chez les cultivars Ahmar et Amsekhsi.

Génotypes	qADN (pg)	Ecart-type (pg)	Nombre de répétitions
Ahmar clones	1,72	0,01	15
Ahmar semis	1,74	0,02	7
Amsekhsi clones	1,73	0,01	18
Amsekhsi semis	1,73	0,02	10

Pour l'ensemble des mesures effectuées, la sensibilité de la cytométrie en flux est de $7,7.10^{-3}$. Autrement dit notre système permet de mettre en évidence des différences de qDNA de l'ordre de 0,8% entre les échantillons. Avec 36 chromosomes, le palmier dattier montrerait une variation moyenne de plus ou moins 2,7% de qDNA en cas d'anomalie avec perte ou doublement d'un seul chromosome.

Résultats et Discussions

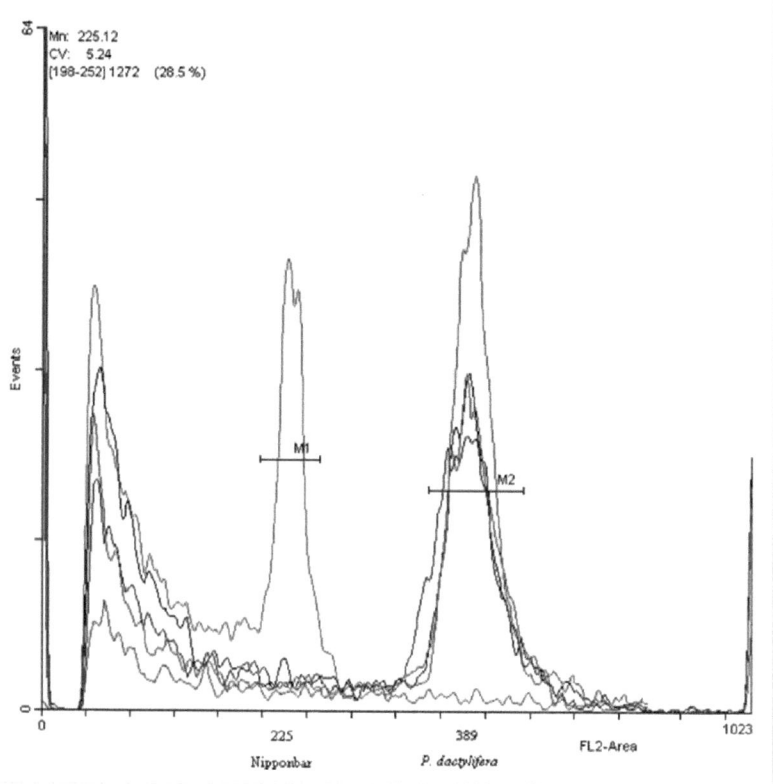

Figure 36 : Position du pic 2C de l'ADN nucleaire des feuilles de jeunes plants de riz de la variété référence Nipponbar et de feuilles de semis (témoins) et des clone A57 et A72 de palmier dattier régénérés à partir des suspensions cellulaires.

Légende des couleurs :
- en vert pic : 2C ADN d'*Oryza sativa* ;
- en magenta : pic 2C ADN de *Phœnix dactylifera* (semis) ;
- en rouge, noir et bleu : pic 2C ADN de 3 clones de *Phœnix dactylifera*.

La cytométrie en flux est parfaitement discriminante dans ce cas, et le resterait pour montrer des pertes partielles de chromosomes supérieures à 30% approximativement. L'analyse cytofluorimétrique a révélé que tous les clones régénérés dans nos conditions d'expérience sont diploïdes (figure 36) et ne présentent qu'un seul pic 2C de l'ADN nucléaire. Aucun pic 3C, 4C, 6C ou 8C indicateur de changement de niveau de ploïdie n'a pu être lié au protocole de micropropagation utilisé.

3. Conclusion

L'étude des conditions de la germination et du développement des embryons somatiques de palmier dattier en vitroplants montre que le milieu MS est très favorable à la croissance des méristèmes caulinaire et racinaire des embryons de stade III.

Toutefois, l'analyse comparée de la croissance des pousses feuillées et des racines des embryons somatiques et zygotiques révèle que les plants d'origine zygotique présentent une croissance plus intense que celle des embryons d'origine somatique. En particulier, contrairement aux vitroplants d'origine somatique, les plants d'origine zygotique développent un système racinaire vigoureux de type pivot qui pourrait traduire l'adaptation de cette espèce aux zones arides.

L'enrichissement du milieu de culture en ANA permet d'améliorer la croissance et le développement des pousses feuillées et des racines des vitroplants somatiques. De plus, cette auxine permet d'améliorer la qualité du système racinaire des vitroplants qui développent des racines robustes de type pivot dont la morphologie est similaire à celle obtenue lors de la germination des graines *in vitro*.

Par ailleurs, l'analyse de la quantité d'ADN nucléaire (qADN) révèle des niveaux de ploïdie identiques chez les plants d'origine zygotique et les vitroplants régénérés. Il conviendra toutefois de poursuivre l'analyse de la conformité des régénérants en utilisant notamment une approche moléculaire. A cet effet, les marqueurs microsatellites déjà mis au point chez le dattier pourraient être utilisés pour vérifier la conformité au niveau ADN. Ces méthodes précoces ne sont toutefois que des indicateurs partiels. La vérification au champ pendant toute la durée de vie de la plante étant actuellement le seul moyen définitif de détecter les variants.

4. Discussion

Comme nous avons pu l'observer, les embryons somatiques de dattier s'orientent directement vers la germination dès qu'ils atteignent le stade III de développement. A ce stade du développement, il devient intéressant de remarquer que le modèle de régénération présenté chez *Phœnix canariensis* (Huong *et al.*, 1999) pour lequel le développement et la germination des embryons somatiques sont effectués en milieu liquide est différent de celui que nous présentons chez le palmier dattier. Ces auteurs ont constaté, d'une part, de faibles taux de germination des embryons somatiques (5%) et d'autre part, un pourcentage élevé de vitrification suivie d'une absence de croissance de tiges en milieu liquide. Chez *Phœnix dactylifera* cv. Deglet Nour, Fki *et al.* (2003) ont fait les mêmes remarques et observé également une vitrification ainsi que de faibles taux de germination (25%) qu'ils ont pu améliorer à 90% de germination en réduisant de 90% à 75% les teneurs en eau des embryons par dessiccation partielle. Dans nos conditions expérimentales, le développement et la germination des embryons sont effectués sur un milieu MS solide sans hormone. Avec ce milieu, les taux de germination des embryons de stade III obtenus sont de l'ordre de 82%. Toutefois, l'application d'ANA à 1 mg.L^{-1} s'est révélée nécessaire pour enraciner les vitroplants de dattier comme cela a été montré chez *Phœnix canariensis* par Huong *et al.* (1999). Nos résultats ont, en outre, montré comme dans le cas de l'*Acacia raddiana* (Sané *et al.*, 2001) que l'ANA induit la formation d'un système racinaire robuste et orthotrope comparable à celui développé chez les graines en germination *in vitro*. Ce système racinaire pourrait s'avérer plus opérationnel que celui obtenu en l'absence d'auxine lors de la transplantation des clones de ces cultivars sahéliens en milieu naturel.

Le procédé d'embryogenèse somatique que nous avons développé via des suspensions cellulaires embryogènes nous permet d'envisager dans nos conditions de culture, une production prévisionnelle d'environ 10 000 embryons individualisés à partir de 15 g de matière fraîche. Ce système permettra de développer la technologie de semences artificielles clonales chez le palmier dattier (Paquier, 2002). De plus, l'analyse cytofluorimétrique que nous avons réalisée comme première approche d'évaluation de la vitrovariation (Fki *et al.*, 2003) a révélé que le procédé de micropropagation adopté n'induit pas de perturbations du niveau de ploïdie des régénérants. Ces résultats suggèrent que le procédé que nous avons développé pourrait être utilisé pour une production à grande échelle de vitroplants à partir de cultivars sélectionnés de palmier dattier. Enfin, les suspensions cellulaires constituent un matériel de choix pour la production de protoplastes chez le palmier dattier. Cette technologie constitue une voie prometteuse pour l'amélioration génétique par introgression de génomes chez le palmier dattier (Chabane *et al.*, 2006).

DEUXIEME PARTIE

Etude des étapes tardives de l'embryogenèse somatique : amélioration de la qualité des embryons somatiques

Les résultats obtenus dans la première partie de ce travail permettent d'envisager une production régulière d'embryons somatiques de palmier dattier. Toutefois, contrairement aux embryons zygotiques, les embryons somatiques produits accumulent très peu de substances de réserve et dès qu'ils accèdent au stade III de développement, ils s'orientent directement vers le germination. Ces observations suggèrent une maturation incomplète de ces embryons somatiques. Cette maturation incomplète est à l'origine du manque de vigueur des plantules de palmier que nous régénérons ainsi que des pertes importantes des vitroplants lors du sevrage.

Face à ces contraintes majeures, il était important de rechercher des conditions d'une meilleure maturation des embryons somatiques qui permettent d'optimiser leur qualité et, *in fine*, la vigueur des vitroplants que nous produisons.

Dans cette partie nous présentons les résultats obtenus sur l'analyse de marqueurs biochimiques (oligosaccharides) et moléculaires (gènes candidats) caractéristiques des étapes tardives du développement des embryons somatiques en rapport avec les séquences des milieux de culture utilisés. Dans cette démarche, l'embryon zygotique développé *in planta* a été utlisé comme référence.

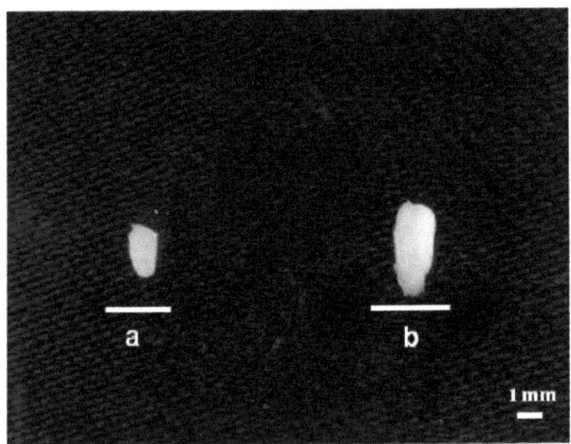

Figure 37 : Embryons zygotiques de palmier dattier à différents stades de développement. (a) : embryon de 117 JAP; (b) : embryon de 161 JAP.

JAP : jour après pollinisation.

CHAPITRE 1 : Effet d'un apport de saccharose et d'ABA dans le milieu de culture sur la maturation des embryons somatiques

L'accumulation des substances de réserve ainsi que l'acquisition de la tolérance à la dessiccation des tissus correspondent à deux événements importants qui caractérisent la maturation des graines chez les végétaux à semences orthodoxes.

Nous avons pu observer que les embryons somatiques produits accumulent très peu de susbstances de réserves et s'orientent précocément vers la germination. Ces manifestations suggèrent qu'ils présentent une maturation incomplète. Par ailleurs, au cours de leur développement, ces embryons présentent une croissance moins intense par rapport à leurs homologues zygotiques (cf. chapitre 4 ; §.2).

Ces observations nous ont incité à rechercher des conditions d'une meilleure maturation des embryons somatiques que nous produisons. Dans le but d'améliorer leur qualité, les effets de concentrations croissantes d'ABA (10, 25 et 50 µM) et de saccharose (30, 60, 90, 120 et 240 g.L^{-1}), appliquées pendant deux semaines, sur le développement embryonnaire ont été étudiés chez ces embryons. Les paramètres analysés sont le poids de matière fraîche des embryons et les teneurs en eau, en sucres totaux et en oligossaccharides (raffinose et stachyose) dont la présence est généralement spécifique des phases tardives de la maturation des graines. Dans cette démarche, l'embryon zygotique a été utilisé comme référence.

1. Développement des embryons zygotiques

Nous avons cherché à caractériser le développement des embryons zygotiques de dattier en déterminant l'évolution de leur teneur en eau et de leur poids de matière fraîche au cours de la maturation et de la germination. L'isolement des embryons à différents stades de développement montre que la taille maximale est atteinte entre 4 et 6 mois après la fécondation. De 0,75 mm en moyenne à 117 jours après la pollinisation, la taille des embryons devient maximale (1,5 à 2 mm en moyenne) à 161 jours après la pollinisation (Figure 37a et b). Les variations de la teneur en eau apparaissent très

Résultats et Discussions

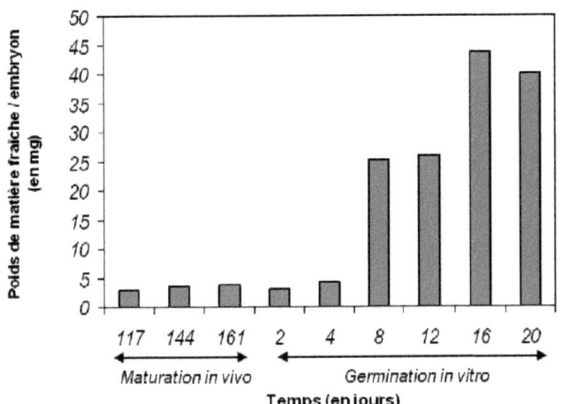

Figure 38 : Evolution du poids de matière fraiche des embryons zygotiques de palmier dattier au cours de la maturation *in vivo* et de la germination *in vitro*.
Effectif : 24 embryons / stade de développement.

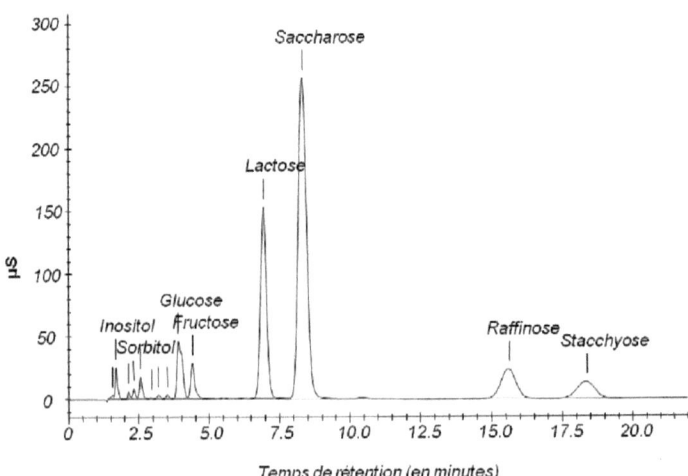

Figure 39 : Séparation des sucres solubles chez les embryons zygotiques matures de palmier dattier par chromatographie en phase liquide à hautes performances (HPLC).

faibles au cours de la maturation des embryons entre le 117ème et le 161ème jour après la pollinisation et les teneurs restent comprises entre 1,22 et 1,64 g$_{eau}$.g^{-1} MS (Tableau 13). Après l'abscission du fruit, la teneur en eau peut décroître jusqu'à 0,11 g$_{eau}$.g^{-1} MS. L'augmentation de la teneur en eau permettra plus tard la germination.

Tableau 13 : Evolution de la teneur en eau au cours du développement des embryons zygotiques de palmier dattier.

Age des embryons	Teneur en eau (g$_{eau}$.g^{-1} MS)
117 JAP	1,37
144 JAP	1,64
161 JAP	1,22
Zygotique quiescent	0,11
Début de germination (2 jours)	4,68

JAP : jour après pollinisation
Les valeurs correspondent à des moyennes calculées à partir de 25 embryons.

L'évolution du poids de matière fraîche des embryons révèle également une variation pondérale très faible au cours de la maturation *in vivo* et au début de la germination *in vitro* (figure 38). En effet, le poids de matière fraîche varie entre 2,76 à 3,80 mg au cours de la maturation et entre 2 et 4 mg au début de la germination *in vitro* (entre le 2ème et le 4ème jour après la mise en culture). A partir du 8ème jour de la germination, on observe une évolution pondérale très importante et le poids maximal de matière fraîche atteint au 16ème jour peut même représenter plus de 10 fois le poids de matière fraîche des embryons à leur début de germination.

2. Analyse des sucres solubles dans les embryons zygotiques

Le dosage des sucres solubles dans les embryons zygotiques de palmier dattier révèle à la fois la présence de monosaccharides (glucose et fructose), de disaccharide (saccharose), d'un tri saccharide (raffinose) et d'un tétra saccharide (stachyose) (figure 39). Les résultats présentés dans le Tableau 14 montrent que les teneurs en sucres solubles totaux représentent en moyenne 28% de la masse de matière sèche des embryons zygotiques de palmier dattier. Ces embryons contiennent principalement du saccharose (entre 168 et 245 mg.g^{-1} MS). Les teneurs en oligosaccharides varient entre

Résultats et Discussions

24 et 35 mg.g^{-1} MS pour le raffinose et entre 15 et 21 mg.g^{-1} MS pour la stachyose. Ces teneurs représentent 17 à 18% des teneurs en sucres solubles totaux et correspondent à environ 2 à 3 fois les teneurs en glucose et fructose. Le rapport (raffinose + stachyose) / saccharose des embryons zygotiques est d'environ 0,27.

Tableau 14 : **Teneurs en glucose, fructose, saccharose, raffinose et stachyose en mg.g^{-1} MS chez les embryons zygotiques des graines sèches.**

Embryons	Teneurs en sucres solubles en mg.g^{-1} MS					
	Glucose	Fructose	Saccharose	Raffinose	Stachyose	Total
Zygotique A	9,14	5,00	168,60	24,58	15,35	222,67
Zygotique B	12,85	6,01	228,01	32,82	20,61	291,85
Zygotique C	13,52	6,64	245,44	35,36	21,61	322,57

3. Effet de l'apport en saccharose ou en ABA dans le milieu de culture sur la maturation des embryons somatiques

Nous venons de voir quelques caractéristiques du développement des embryons zygotiques de palmier dattier. Les résultats présentés vont nous servir de référence pour caractériser le développement des embryons somatiques au cours de leur maturation.

3.1. Développement des embryons somatiques

Les embryons somatiques ont été prélevés après 4 semaines de développement puis cultivés pendant 2 semaines sur un milieu témoin contenant 30 g.L^{-1} de saccharose ou sur des milieux enrichis en saccharose à des concentrations de 30, 60, 90, 120 et 240 g.L^{-1} ou en ABA à des concentrations de 10, 25 et 50 µM.

3.1.1. Effet d'un apport en saccharose sur la maturation des embryons somatiques

L'enrichissement du milieu de culture en saccharose entraîne une augmentation de la masse de matière sèche des embryons (Tableau 15). La masse de matière sèche atteint 44,79 mg par embryon en présence de 240 g.L^{-1} de saccharose dans le milieu. En revanche, le saccharose entraîne une diminution de la teneur en eau des embryons que l'on pourrait attribuer à l'augmentation de la pression osmotique du milieu. La teneur en eau, de 10,65 g.g^{-1} MS lorsque les embryons sont cultivés en présence de 30 g.L^{-1} de

Résultats et Discussions

saccharose, est divisée par 3,7 lorsque le milieu renferme 120 g.L^{-1} de sucre et atteint 1,30 g.g^{-1} MS pour une concentration de 240 g.L^{-1} de saccharose. Elle est alors équivalente à celle observée chez les embryons zygotiques développés *in planta* (Tableau n°13). Toutefois, à partir de 240 g.L^{-1}, le saccharose entraîne un brunissement suivi d'une dégénérescence des embryons somatiques.

3.1.2. Effet d'un apport en ABA sur la maturation des embryons somatiques

L'adjonction d'ABA dans le milieu de culture entraîne également une augmentation de la masse de matière sèche des embryons (Tableau 15).

<u>Tableau 15</u> : Evolution de la teneur en eau et de la masse de matière sèche chez les embryons somatiques de palmier dattier après 2 semaines de développement sur milieux enrichis en saccharose ou en ABA.

Concentrations		Teneur en eau	Masse de matière sèche /
Saccharose (en g.L^{-1})	ABA (en µM)	(en g.g^{-1} MS)	embryon (en mg)
30	0	10,6 ^{a}	7,8 ^{f}
60	0	6,3 ^{bc}	13,9 ^{d}
90	0	4,6 ^{c}	21,4 ^{c}
120	0	2,9 ^{d}	28,9 ^{b}
240	0	1,3 ^{e}	44,8 ^{a}
30	10	7,2 ^{b}	11,8 ^{e}
30	25	8,1 ^{b}	10,5 ^{e}
30	50	7,8 ^{b}	11,6 ^{e}

Les valeurs correspondent à la moyenne de trois répétitions / traitement ;
Dans une colonne, les valeurs suivies de la même lettre ne sont pas significativement différentes au seuil de probabilité de 5% (Test de Newman et Keuls).

La masse de matière sèche varie de 10 à 12 mg par embryon en présence de 10 à 50 µM d'ABA. Toutefois, l'augmentation de la masse de matière sèche en présence d'ABA apparaît significativement moins importante que lorsque les embryons sont cultivés sur milieux enrichis en saccharose. La masse de matière sèche obtenue par embryon apparaît alors 2 à 4,5 fois moins importante que celle obtenue sur milieux enrichis en sucre dans la gamme 90 à 240 g.L^{-1}.

Résultats et Discussions

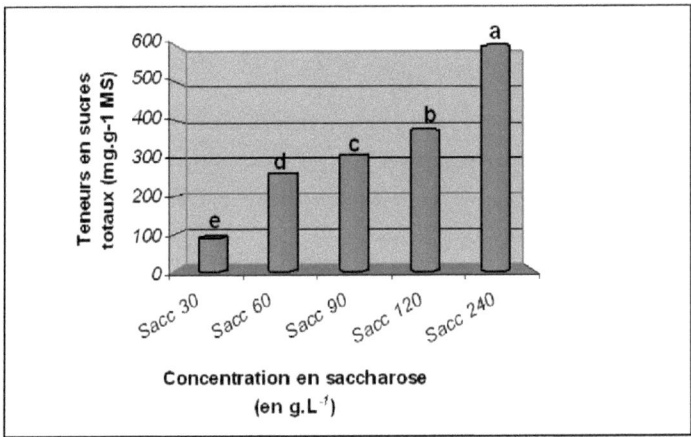

Figure 40 : Evolution de la teneur en sucres totaux dans les embryons somatiques cultivés pendant 5 semaines sur des milieux enrichis de 30, 60, 90, 120 et 240 g.L-1 de saccharose.

Les valeurs présentées correspondent à la moyenne de 3 répétitions / traitement de saccharose ; comparaison des moyennes : test de Newman et Keuls au seuil de 5%.

L'ABA entraîne également une diminution significative de la teneur en eau des embryons somatiques jusqu'à 7 à 8 g.g^{-1} MS. En revanche, la teneur en eau dans les embryons apparaît 2 à 7 fois plus élevée que lorsqu'on enrichit le milieu avec 90 à 240 g.L^{-1} de saccharose.

Comparée à celle observée dans les embryons zygotiques de dattier en cours de maturation (Tableau 13), la teneur en eau apparaît 7 à 8 fois plus élevée dans les embryons somatiques cultivés en présence d'ABA.

4. Evolution des teneurs en sucres solubles associés au développement des embryons somatiques

Les résultats qui précèdent ont montré que l'enrichissement du milieu de culture en saccharose entraîne une déshydratation suivie d'une augmentation de la masse de matière sèche des embryons somatiques comparables à celles observées au cours de la maturation des embryons zygotiques développés *in planta*. Dans nos conditions de culture, ces événements sont apparus plus marqués en présence de sucre qu'en présence d'ABA.

Nous avons donc voulu savoir si les différences de développement des embryons en présence de concentrations croissantes en saccharose refléteraient également des différences de niveau de biosynthèse des sucres en particulier des oligosaccharides connus pour leur participation dans l'acquisition de la tolérance à la déshydratation.

Dans nos conditions de culture, les embryons somatiques cultivés sur un milieu enrichi en saccharose aux concentrations de 60 ou 240 g.L^{-1} présentent une augmentation significative de leurs teneurs en sucres solubles totaux par rapport aux embryons cultivés en présence de 30 g.L^{-1} (figure 40). Les teneurs en sucres peuvent atteindre 60% de la masse de matière sèche des embryons avec une concentration en saccharose de 240 g.L^{-1}. L'augmentation de la concentration en saccharose du milieu, de 60 à 240 g.L^{-1}, entraîne une augmentation significative des teneurs en hexoses (glucose et fructose) des embryons (Tableau 16) ainsi qu'une forte accumulation en saccharose dont les teneurs représentent 16 à 43% de la masse de matière sèche.

Tableau 16 : Teneurs en glucose, fructose, saccharose, raffinose et stachyose et rapport des teneurs en oligosaccharides à la teneur en saccharose des embryons somatiques après 2 semaines de culture sur milieux enrichis en saccharose.

[Saccharose] dans le milieu (en g.L^{-1})	Teneurs en sucres solubles en mg.g^{-1} MS					
	Glucose	Fructose	Saccharose	Raffinose	Stachyose	Raffinose + Stachyose / Saccharose
Saccharose 30	14,7 ^{e}	14,6 ^{e}	55,4 ^{e}	3,5 ^{c}	0,1 ^{c}	0,06
Saccharose 60	45,4 ^{b}	44,3 ^{b}	164,1 ^{d}	6,2 ^{b}	0,1 ^{c}	0,04
Saccharose 90	22,1 ^{d}	22,9 ^{d}	243,3 ^{c}	21,3 ^{a}	0,2 ^{bc}	0,1
Saccharose 120	31,4 ^{c}	28,8 ^{c}	295,2 ^{b}	19,1 ^{a}	0,3 ^{b}	0,06
Saccharose 240	83,9 ^{a}	78,3 ^{a}	433,53 ^{a}	2,2 ^{c}	0,74 ^{a}	0,01

Les valeurs correspondent à la moyenne de 3 répétitions / traitement ;
Dans une colonne, les valeurs suivies de la même lettre ne sont pas significativement différentes au seuil de probabilité de 5% (Test de Newman et Keuls).

La présence d'oligosaccharides (raffinose et stachyose) a été mise en évidence dans les tissus (figure 41). Leur accumulation apparaît croissante pour les concentrations en saccharose de 30 à 120 g.L^{-1} de milieu (Tableau n° 16). Le raffinose est l'oligosaccharide majoritairement accumulé dans les tissus des embryons somatiques. Ses teneurs peuvent atteindre 43 à 85 fois celles du stachyose en présence de concentrations en saccharose de 90 à 120 g.L^{-1} et représenter environ 20% de la masse de matière sèche des embryons. Ces teneurs en raffinose varient alors dans les mêmes proportions que celles observées chez les embryons zygotiques (entre 15 à 21 mg.g^{-1} MS) (Tableau n°14). Dans nos conditions de culture, le rapport raffinose + stachyose / saccharose varie de 0,01 à 0,1. En présence d'une concentration en saccharose de 90 g.L^{-1}, la valeur de ce rapport atteint 0,1 et apparaît alors comparable à celle observée chez l'embryon zygotique (0,27).

Résultats et Discussions

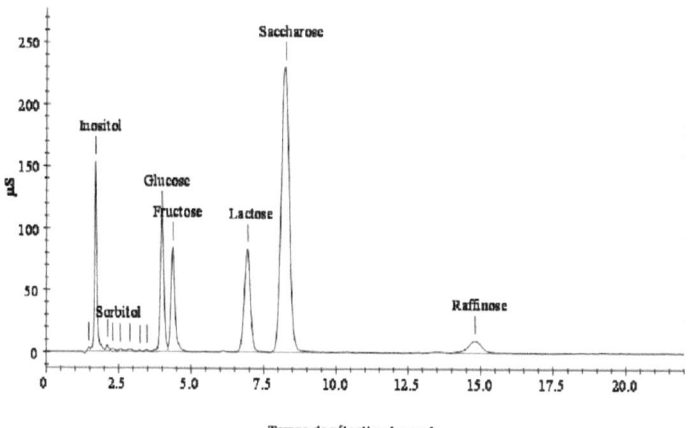

Figure 41 : Séparation par chromatographie en phase liquide à hautes performances (HPLC) des sucres solubles chez les embryons somatiques de palmier dattier après 5 semaines de culture sur milieu enrichi de 120 g.L-1 de saccharose.

5. Conclusion

Il ressort de ces résultats que l'apport exogène de saccharose, dans les conditions d'application précisées, améliore plus que l'ABA, la maturation des embryons somatiques de palmier dattier. L'enrichissement du milieu en saccharose entraîne une déshydratation des embryons somatiques, une augmentation de la masse de matière sèche ainsi qu'une accumulation de réserves glucidiques qui pourraient participer dans le maintien de l'intégrité cellulaire et la protection des membranes et favoriser ainsi l'acquisition de la tolérance à la dessiccation des embryons somatiques. Toutefois, ces conditions permettent de mimer en partie le développement des embryons *in planta*. Elles ne permettent pas, en effet, une accumulation d'oligosaccharides dans des proportions équivalentes à celles des embryons développés sur la plante. L'étude des effets du saccharose et de l'ABA sur les étapes tardives de l'embryogenèse devrait donc être poursuivie. Une application simultanée de ces deux facteurs ainsi qu'une meilleure connaissance des mécanismes de régulation impliqués durant cette phase permettraient d'induire une maturation plus complète chez les embryons somatiques.

6. Discussion

La comparaison des embryons zygotiques et des embryons somatiques de palmier dattier met en évidence des différences chez ces deux types d'embryons traduisant une divergence biochimique essentielle entre les deux systèmes. L'embryogenèse *in vivo* se déroule généralement en quatre étapes principales : le développement histo-morphologique, l'accumulation de réserves, l'acquisition de la tolérance à la dessiccation et la mise en quiescence. Elle est suivie par la germination. La séquence de ces événements serait sous la dépendance des facteurs maternels et de l'environnement. Par opposition, l'embryon somatique germe directement après une étape de développement et de croissance mais sans phase de maturation.

Des travaux ont été réalisés avec succès sur plusieurs espèces, afin d'induire l'expression de la maturation au cours de l'embryogenèse somatique (Attree *et al.*, 1992 ; Aberlenc-Bertossi, 2001). Chez le palmier à huile, Morcillo *et al.* (1997) ont pu établir au cours de la morphogenèse embryonnaire, que l'addition d'ABA et/ou d'un osmoticum comme le saccharose dans le milieu de culture favorise l'accumulation de protéines de réserve présentant une homologie avec les protéines spécifiques de la maturation décrites chez les embryons zygotiques.

Nos résultats ont également montré chez le palmier dattier que l'apport d'ABA ou de saccharose dans le milieu de culture permet d'induire l'expression de la maturation chez les embryons somatiques.

Chez de nombreuses espèces, l'addition d'ABA dans le milieu de culture des embryons somatiques a permis d'améliorer leur développement, d'inhiber la germination précoce, d'induire la tolérance à la dessiccation et de favoriser l'accumulation des réserves (Bornman, 1993). Parmi ces réserves, l'ABA favorise à la fois l'accumulation de triglycérides (Joy et al., 1991 ; Bornman, 1993), d'amidon (Gutman et al., 1996) et de protéines de réserve chez les conifères (Dunstan et al., 1995 ; Gutman et al., 1996), le cacaoyer (Alemanno, 1995) et le palmier à huile (Morcillo et al., 1998).

Les concentrations utilisées sont en général comprises entre 0,1 µM et 60 µM. D'après Label et Lelu (2000), l'adjonction dans le milieu de culture d'ABA exogène induirait dans les embryons somatiques de mélèze des teneurs en ABA endogène et en ABA conjugué, sous forme de glucose ester qui serait une forme de stockage de l'ABA.

L'effet de l'ABA sur la régulation de l'expression de la maturation a été largement étudié au cours de l'embryogenèse zygotique. L'ensemble des résultats montre que l'augmentation des teneurs endogènes de l'ABA au cours du développement de la graine initie les voies de régulation impliquées dans le contrôle de la maturation (Mc Carty, 1995) et plus particulièrement dans la synthèse des protéines (Dong et al., 1997). Le mode d'action de l'ABA est multiple. Cette hormone agirait en bloquant la germination précoce, notamment en inhibant la synthèse des protéines spécifiques de la germination (Finkelstein et al., 1985). D'autre part, l'ABA maintiendrait l'embryon en phase d'anabolisme (Kermode et al., 1989) et stimulerait ainsi l'accumulation des réserves (Choinsky et al., 1981 ; Akerson, 1984).

L'ensemble de ces travaux montre un effet positif de l'ABA sur l'accumulation des réserves.

Toutefois, Aberlenc-Bertossi (2001) a observé chez le palmier à huile, que les composés associés à la maturité des embryons zygotiques développés *in planta*, sont accumulés en très faibles quantités dans les embryons somatiques traités à l'ABA. Ces observations suggèrent que les deux types d'embryons n'atteignent pas le même niveau de maturité.

Résultats et Discussions

Les résultats obtenus chez le palmier dattier ont également montré que l'ABA a peu d'effet sur la masse de matière sèche des embryons somatiques et sur leur teneur en eau. Néanmoins, il convient de remarquer que la maturation des embryons zygotiques de dattier s'étale sur une centaine de jours et que dans nos conditions d'expérience, les effets de l'ABA ont été étudiés après seulement une application de l'hormone de deux semaines. Il est alors possible que la durée du traitement à l'ABA soit trop courte pour favoriser dans les embryons somatiques, la mise en place complète des mécanismes observés *in planta*. Il est également probable que l'ABA seul ne suffise pas et que d'autres facteurs environnementaux soient nécessaires pour induire une maturation complète des embryons.

Comparativement à l'ABA, la culture des embryons somatiques de palmier dattier sur un milieu enrichi en saccharose entraîne leur déshydratation et une accumulation plus importante de réserves glucidiques. Chez le palmier à huile, le saccharose entraîne, en outre, chez les embryons somatiques, l'acquisition d'une tolérance relative à la dessiccation (Aberlenc-Bertossi, 2001). Ces processus sont caractéristiques de la maturation. Le saccharose favoriserait donc plus que l'ABA un développement plus complet des embryons somatiques de palmier dattier.

Toutefois, la maturation des embryons somatiques traités au saccharose reste incomplète par rapport à celle des embryons zygotiques de dattier développés *in planta*. Les caractéristiques de maturité identifiées chez ces derniers (faibles teneurs en eau et forte accumulation d'oligosaccharides), sont peu accumulées dans les embryons somatiques traités au saccharose. Ces résultats suggèrent que même si le saccharose favorise l'induction de la maturation, il entraîne, toutefois, dans les embryons somatiques une évolution différente de celle mise en place *in planta*.

Le saccharose est susceptible d'agir à différents niveaux dans les cellules des tissus embryonnaires : en induisant un stress osmotique et en diminuant de ce fait la disponibilité en eau, en s'accumulant dans les tissus et en augmentant leur masse de matière sèche ou en constituant une source carbonée, il peut alors participer au métabolisme général.

Chez différents types de culture, la réduction de la disponibilité en eau des tissus, induite par le stress osmotique lié à la présence de saccharose dans le milieu, entraîne une inhibition progressive de la croissance cellulaire (George et Sherrington, 1984). Il est possible que le saccharose, en provoquant une déshydratation des embryons somatiques de palmier dattier, ralentisse également leur croissance, inhibe leur germination précoce et favorise leur maturation.

Chez la majorité des tissus végétaux, un stress hydrique entraîne une synthèse d'ABA (Kermode, 1995). Ce régulateur de croissance est impliqué dans la régulation de la synthèse de protéines de réserve (Kermode, 1997). Ces composés sont fortement accumulés chez les embryons zygotiques de palmier dattier développés *in planta*, mais sont, en revanche, peu ou pas présents dans les embryons somatiques traités au saccharose. Il est probable que les conditions de la déshydratation des embryons somatiques cultivés en présence de saccharose, dont la vitesse est plus rapide dans les conditions *in vitro* qu'*in planta*, n'aient pas permis la mise en place des processus conduisant à leur synthèse.

Par ailleurs, nos résultats ont révélé une forte accumulation de saccharose dans les tissus ainsi qu'une augmentation de la matière sèche des embryons traités. Le saccharose serait en partie hydrolysé sous forme de glucose et de fructose et participerait également au métabolisme général comme source carbonée, favorisant indirectement l'accumulation d'amidon comme cela a été observé chez le palmier à huile (Aberlenc-Bertossi, 2001). En augmentant ainsi la masse de matière sèche des embryons, il participerait à leur protection lors de la déshydratation en conférant une résistance mécanique aux cellules (Kermode, 1990).

Deux hypothèses ont été avancées concernant l'effet du saccharose au niveau de l'expression du génome :

- l'adjonction de saccharose peut induire dans les cellules un déficit hydrique qui provoque par le biais de mécanismes encore mal connus, la mise en place de voies de transduction aboutissant à l'expression de gènes spécifiques. Une des voies serait sous la dépendance de l'ABA, dont la synthèse serait favorisée dans les conditions de stress hydrique (Skriver et Mundy, 1990). Dans ce cas, l'ABA favoriserait directement l'expression de gènes possédant des séquences régulatrices « ABA responsive element » ;
- une seconde voie a été envisagée, indépendant de l'ABA. Le saccharose aurait alors une action directe sur le contrôle de la synthèse des protéines (Shinozaki et Yamaguchi-

Shinozaki, 1997). L'expression des gènes pourrait être sous le contrôle d'une région régulatrice « drought responsive element » (Giraudat *et al.*, 1994).

Le rôle du saccharose sur l'expression de la maturation et en particulier dans la régulation de la synthèse des protéines pourrait donc être variable d'une espèce à l'autre. Toutefois, d'après Bray (1993), ces deux mécanismes d'action du saccharose peuvent coexister.

Les essais réalisés sont encourageants et permettent d'envisager une amélioration des conditions de culture *in vitro* favorables à l'expression de la maturation des embryons et, par conséquent, la vigueur des plantules régénérées.

Les effets du saccharose et de l'ABA sur les étapes tardives de l'embryogenèse somatique du palmier dattier sont probablement complémentaires. L'application simultanée de ces deux facteurs permettrait de stimuler des voies métaboliques différentes et d'induire une maturation plus complète des embryons somatiques.

CHAPITRE 2 : Effet d'un apport de saccharose et d'ABA dans le milieu de culture sur l'expression de gènes marqueurs de la maturation et de la germination des embryons

Les études réalisées au cours des chapitres précédents nous ont permis de mettre en évidence les effets du saccharose et de l'ABA sur le développement des embryons somatiques de palmier dattier. Ces deux composés jouent un rôle important dans l'orientation du développement des embryons vers la maturation.

Dans ce présent chapitre nous avons étudié l'effet de l'enrichissement du milieu de culture en saccharose ou en ABA sur l'expression de gènes candidats marqueurs des phases de maturation et de germination des embryons. L'identification des gènes marqueurs se place dans une perspective d'amélioration du procédé de régénération du palmier dattier. L'analyse de l'expression de ces gènes offre la possibilité de pouvoir évaluer l'effet de modifications apportées au procédé d'embryogenèse sur le développement des embryons somatiques et d'envisager éventuellement de nouvelles conditions de culture pour améliorer la qualité des embryons produits *in vitro*.

L'expression des gènes *PdGLO12*, *PdDEHYD15*, *PdEM1* et *PdGOLS1* marqueurs de la phase de maturation et du gène *PdCPRS1-10* marqueur de la germination a été étudiée d'une part au cours de la maturation *in planta* et de la germination *in vitro* des embryons zygotiques et, d'autre part, au cours du développement *in vitro* des embryons somatiques soumis pendant 5 semaines à des concentrations croissantes de saccharose (30, 60, 90, et 120 g.L^{-1}) ou d'ABA (0,1, 1 et 10 µM).

1. Identification des gènes candidats chez le palmier dattier

1.1. Le gène *DEHYD*

La séquence partielle du *PdDEHYD15* a été identifiée après amplification PCR à l'aide d'amorces hétérologues de palmier à huile. Elle a été obtenue après clonage du gène *EgDEHYD1* de *Elaeis guineensis* dont plusieurs séquences partielles ont été identifiées dans la collection d'EST de palmier à huile de la plateforme GeneTrop de l'IRD de Montpellier. Ces séquences partielles correspondent à un gène dehydrin-like de palmier à huile précédemment placé dans les bases de données du NCBI (clone pKT5, accession

AF23067). Le polypeptide prédit possède 131 acides aminés pour une masse moléculaire de 14 kDa et un point isoélectrique de 8,39. La glutamine qui représente 26% des acides aminés totaux, confère une nature hydrophile à la protéine. Les séquences protéiques déduites des gènes *PdDEHYD15* et *EgDEHYD1* sont présentées sur la figure 42 (annexe 5). La séquence du polypeptide dehydrin-like de palmier dattier présente 74,8% d'identités avec celle du palmier à huile. Les séquences protéiques déduites des gènes déhydrin-like des deux espèces de palmier présentent des similarités de séquence avec la protéine WZY1-1 de *Triticum aestivum* (AF453444), le produit du gène *dbn1* de *Zea mays* (X15290) et le produit du gène *dbN17* d'*Hordeum vulgare* (X15286).

Les motifs caractéristiques des gènes de la famille des déhydrines (Campbell & Close, 1997) ont été identifiés dans la séquence protéique déduite du palmier dattier (figure 42). Il s'agit des motifs Y (V/T) DEYGNP à la position 9 ; S, une suite de résidus sérine, à la position 71 et de deux motifs K, EKKGIMDKIKEKLPG, appelés K1 et K2 aux positions 94 et 138 respectivement.

1.2. Le gène *EM*

La séquence partielle du gène *PdEM1* (figure 43, annexe 6) a été identifiée après amplification PCR à l'aide d'amorces hétérologues de palmier à huile. Cette séquence a été obtenue chez le palmier dattier après clonage du gène *EgEMZ08* de *Elaeis guineensis* présentant des similitudes de séquence avec les gènes de la famille EM identifiés dans la collection d'EST de palmier à huile. La séquence protéique déduite du gène *EgEMZ08*, présentée sur la figure 27, est composée de 90 acides aminés pour une masse moléculaire de 97 kDa et un point isoélectrique de 6,14. La séquence protéique déduite du gène *PdEM1* présente 91% d'identités avec celle du gène *EgEMZ08* du palmier à huile. Ces deux séquences polypeptidiques possèdent le domaine pfam00477, « LEA 5, Small hydrophilic plant seed protein », avec un E value de 1^{e-18} (http://www.ncbi.nlm.nih.gov/Structure/cdd.shtml).

Les protéines Em-like de ces deux espèces de palmier présentent des similarités de séquence avec le polypeptide Early-methionin-labelled de *Secale cereale* (CAB88095), la protéine LEA B19.1 d'*Hordeum vulgare* (CAA4462), la protéine EM H5 de *Triticum aestivum* (CAB59731) et la protéine ATEM6 d'*Arabidopsis thaliana* (NP-181546).

Résultats et Discussions

1.3. Le gène *GLO*

La séquence partielle d'un gène appelé *PdGLO12* (figure 44, annexe 7) a été identifiée après amplification PCR à l'aide d'amorces hétérologues de palmier à huile. Cette séquence a été obtenue chez le palmier dattier après clonage du gène *EgGLO7A* de *Elaeis guineensis* présentant des similitudes de séquence avec les gènes de la famille globuline identifiés dans la collection d'EST de palmier à huile. La séquence protéique déduite du gène *PdGLO12*, présentée sur la figure 44, est composée de 34 acides aminés. La séquence protéique des globulines est constituée d'oligomères glycosylés de poids moléculaire compris entre 150 et 200 kDa. Elle est caractérisée par un point isoélectrique faiblement basique d'environ 8. La séquence protéique déduite du gène *PdGLO12* de palmier dattier présente une similarité de séquence avec les gènes *EgGLO7A* et *GhVICILIN* exprimés au cours de la maturation des embryons zygotiques d'*Elaeis guineensis* et de *Gossypium hirsutum*. Ces séquences sont caractérisées par des teneurs élevées en proline, glycine et alanine et par la présence de 2 domaines "cupin 1" caractéristiques des protéines de réserve 11S (type légumine) et 7S (type viciline).

1.4. Le gène *GOLS*

La séquence partielle d'un gène appelé *PdGOLS1* a été identifiée après amplification PCR à l'aide d'amorces hétérologues de palmier à huile. Cette séquence a été obtenue chez le palmier dattier après clonage du gène *EgGOLS1* de *Elaeis guineensis* présentant des similitudes de séquence avec les gènes de la famille de la galactinol synthase identifiés dans la collection d'EST de palmier à huile. La séquence protéique déduite du gène *PdGOLS*, présentée sur la figure 45 (annexe 8), est composée de 121 acides aminés. La séquence polypeptidique du gène *PdGOLS* de palmier dattier présente 79% d'identités avec celle du gène *F14J9-1* d'*Arabidopsis thaliana* (clone RAFL04-16-K22, accession AF370546-1). La séquence protéique déduite du gène *PdGOLS1* présente également des similarités de séquence avec les produits des gènes *EgGOLS1* de *Elaeis guineensis*, *ZmGOLS1* de *Zea mays* et *LeGOLS1* de *Lycopersicon esculentum*.
Ces séquences polypeptidiques sont caractérisées par la présence du domaine pfam 011501.12, «Glycosyl transferase 8», avec un E value de 6^{e-14}.

Résultats et Discussions

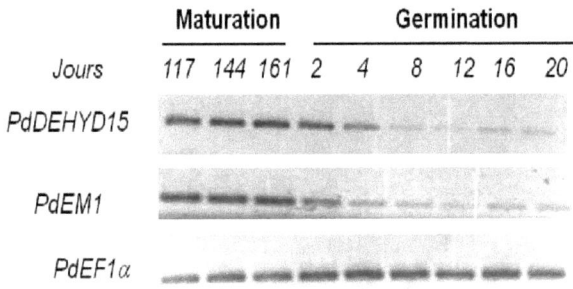

Figure 47 : Etude par RT-PCR de l'évolution de l'expression des gènes *PdDEHYD15* et *PdEM1* au cours de la maturation *in planta* et de la germination *in vitro* des embryons zygotiques de palmier dattier.
PdEF1α est un gène témoin.

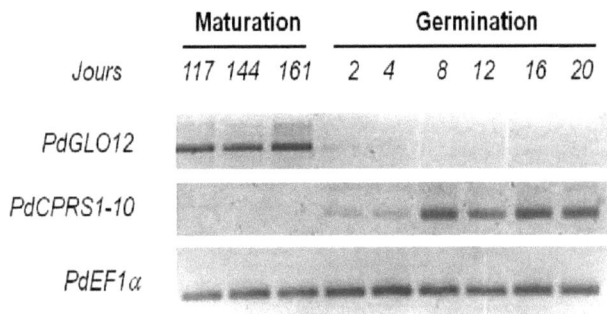

Figure 48 : Etude par RT-PCR de l'évolution de l'expression des gènes *PdGLO12* et *PdCPRS1-10* au cours de la maturation *in planta* et de la germination *in vitro* des embryons zygotiques de palmier dattier.
PdEF1α est un gène témoin.

Résultats et Discussions

1.5. Le gène *CPRS*

La séquence partielle d'un gène appelé *PdCPRS1-10* a été identifiée après amplification PCR à l'aide d'amorces hétérologues de palmier à huile. Cette séquence a été obtenue chez le palmier dattier après clonage du gène *EgCPRS1-5* de *Elaeis guineensis* présentant des similitudes de séquence avec les gènes de la famille des cystéines protéinases identifiés dans la collection d'EST de palmier à huile. La séquence protéique déduite du gène *PdCPRS1-10*, présentée sur la figure 46 (annexe 9), est composée de 81 acides aminés. Cette séquence polypeptidique présente des similarités de séquence avec les produits des gènes *EgCPRS1-5* de *Elaeis guineensis*, *ZmCPR* de *Zea mays* et *NbCPR* de *Nicotiana benthamiana*.

Ces séquences polypeptidiques possèdent le domaine Peptidase C1 caractéristique de la famille des papaïnes.

2. Analyse de l'expression des gènes candidats

2.1. Expression des gènes candidats chez les embryons zygotiques

L'expression des gènes de déhydrine, de Em, de la globuline, de la galactinol synthase et de la cystéine protéinase a été étudiée au cours de la maturation *in planta* et de la germination *in vitro* des embryons zygotiques de palmier dattier. Au cours des étapes plus précoces de l'embryogenèse, la faible taille des embryons n'a pas permis leur analyse. L'expression des gènes a été suivie par RT-PCR avec des amorces spécifiques. L'expression du gène du facteur d'élongation *PdEF1* α a été utilisée comme témoin.

2.1.1. Expression des gènes LEA

Les gènes *PdDEHYD15* et *PdM1* sont fortement exprimés dans les embryons zygotiques en fin d'embryogenèse (117-161 jours après pollinisation (JAP)) (figure 47). Leur expression décroît en début de la germination *in vitro* entre 2 et 4 jours. A partir de 8 jours de germination, les embryons présentent une forte croissance de la tige et des racines (cf. Tableau 9). Les transcrits du gène *PdDEHYD15* sont alors nettement moins détectés.

Les transcrits du gène *PdEM1* sont également majoritairement accumulés pendant la maturation des embryons zygotiques (117 à 161 JAP). Le signal diminue pendant les 4 premiers jours de la germination *in vitro* puis n'est plus détecté à partir de 8 jours.

Résultats et Discussions

2.1.2. Expression des gènes *PdGLO12*, *PdGOLS1* et *PdCPRS1-10*

Le gène de la globuline (*PdGLO12*) présente une expression différentielle au cours du développement des embryons zygotiques (figures 48). Il est fortement exprimé au cours de la maturation des embryons zygotiques (117 à 161 JAP). Le signal apparaît faiblement au début de la germination puis n'est plus détecté à partir du 4ème jour de la germination coïncidant avec l'activation de la croissance des méristèmes caulinaire et racinaire des embryons.

De même, comme pour les transcrits du gène *PdGLO12*, ceux du gène de la galactinol synthase (*PdGOLS1*) sont également majoritairement accumulés pendant la maturation des embryons zygotiques (117 à 161 JAP) (figure 49). Le signal est faiblement exprimé pendant les 2 premiers jours de la germination puis n'est plus détecté à partir de 4 jours de germination.

Contrairement aux gènes *PdGLO12* et *PdGOLS1*, le gène de la cystéine protéinase (*PdCPRS1-10*) s'exprime spécifiquement pendant la germination des embryons zygotiques (figure 48). Le signal de ce gène n'est pas détecté au cours de la maturation des embryons zygotiques. Les transcrits du gène *PdCPRS1-10* sont faiblement accumulés au cours des 4 premiers jours de la germination. A partir du 8ème jour de la germination on observe une forte accumulation des transcrits du gène *PdCPRS1-10*. L'intensité du signal est associée à la forte reprise de croissance des embryons précédemment évoquée (cf. § 2.1.1.).

2.2. Expression des gènes candidats chez les embryons somatiques

Dans cette partie, nous avons voulu vérifier si les gènes candidats étudiés, spécifiques des étapes de la maturation et de la germination chez les embryons zygotiques, présenteraient des profils d'expression similaires à ceux des embryons somatiques lorsqu'on les cultive sur les milieux de maturation enrichis en saccharose ou en ABA.

2.2.1. Expression des gènes LEA

Le gène *PdDEHYD15* montre un profil d'expression variable selon les concentrations de saccharose et d'ABA utilisées (figure 50). L'intensité du signal observé, comparable à celle observée au cours de la maturation des embryons zygotiques de palmier dattier (figure 47), augmente avec la concentration de saccharose introduite dans le milieu.

Résultats et Discussions

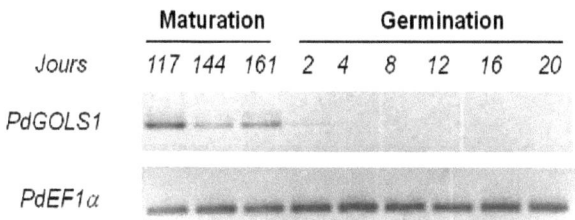

Figure 49 : Etude par RT-PCR de l'évolution de l'expression du gène *PdGOLS1* et au cours de la maturation *in planta* et de la germination *in vitro* des embryons zygotiques de palmier dattier.
PdEF1α est un gène témoin.

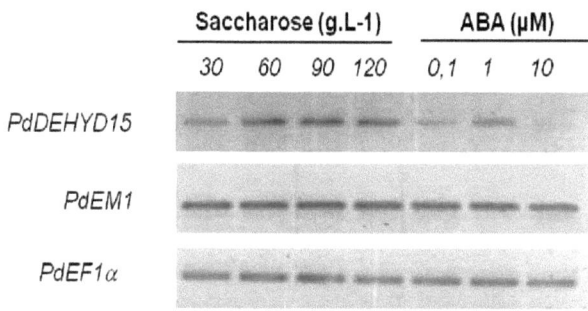

Figure 50 : Etude par RT-PCR de l'expression des gènes *PdDEHYD15* et *PdEM1* chez les embryons somatiques de palmier dattier après 5 semaines de développement sur des milieux enrichis de 30, 60, 90 et 120 g L-1 de saccharose ou de 0,1, 1 et 10 µM d'ABA.
PdEF1α est un gène témoin.

Résultats et Discussions

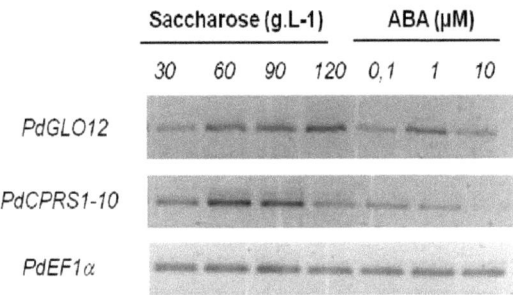

Figure 51 : Etude par RT-PCR de l'expression des gènes *PdGLO12* et *PdCPRS1-10* chez les embryons somatiques de palmier dattier après 5 semaines de développement sur des milieux enrichis de 30, 60, 90 et 120 g.L-1 de saccharose ou de 0,1, 1 et 10 µM d'ABA.
PdEF1α est un gène témoin.

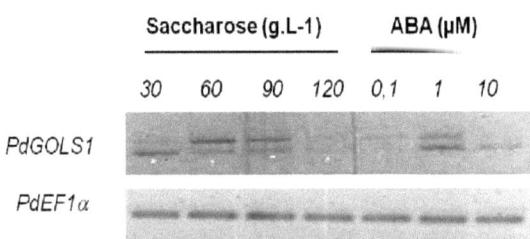

Figure 52 : Etude par RT-PCR de l'expression du gène *PdGOLS1* chez les embryons somatiques de palmier dattier après 5 semaines de développement sur des milieux enrichis de 30, 60, 90 et 120 g.L-1 de saccharose ou de 0,1, 1 et 10 µM d'ABA.
PdEF1α est un gène témoin.

Résultats et Discussions

Les transcrits de ce gène sont fortement accumulés pour des concentrations en saccharose de 60 à 120 g.L^{-1}. Ces résultats suggèrent que le saccharose stimule l'expression du gène *PdDEHYD15* et favoriserait ainsi l'orientation des embryons somatiques vers la maturation. En revanche, le gène *PdDEHYD15* montre un signal dont l'intensité s'atténue quand la concentration d'ABA dans le milieu augmente. Les transcrits de ce gène ne sont d'ailleurs plus détectés pour une concentration d'ABA de 10 µM. Il est donc possible que l'expression de ce gène soit régulée négativement par cette hormone de la maturation.

Concernant le gène *PdEM1*, l'intensité des signaux observés apparaît semblable quelle que soit la concentration de saccharose ou d'ABA testées. Pour ce gène, aucun effet différentiel du saccharose ou de l'ABA n'a pu être mis en évidence au niveau transcriptionnel.

2.2.2. Expression des gènes *PdGLO12*, *PdGOLS1* et *PdCPRS1-10*

L'expression du gène de la globuline montre des profils différentiels dont l'intensité des signaux varie selon les concentrations de saccharose ou d'ABA utilisées (figure 51). On observe une forte accumulation des transcrits du gène *PdGLO12* lorsqu'on augmente la concentration en saccharose dans le milieu de culture.

Comme le saccharose, l'ABA stimule aussi l'expression du gène *PdGLO12*. L'analyse des profils d'expression montre qu'une concentration d'ABA de 1 µM favorise une forte accumulation des transcrits du gène *PdGLO12* comparable à celle observée au cours de la maturation des embryons zygotiques. Les transcrits de ce gène apparaissent faiblement accumulés lorsqu'on augmente les teneurs en ABA dans le milieu de culture. Ces résultats laissent supposer que l'expression du gène *PdGLO12* serait également régulée négativement par l'ABA chez les embryons somatiques.

Le gène *PdCPRS1-10* présente également un profil d'expression différentiel qui apparaît variable selon les concentrations de saccharose ou d'ABA testées (figure 51). Une gamme de concentration en saccharose de 30 à 90 g.L^{-1} favorise une forte accumulation des transcrits du gène *PdCPRS1-10* comparable à celle observée au cours de la germination des embryons zygotiques. Ces résultats mettent en évidence l'activité de la cystéine protéinase qui apparaît toutefois inhibée par des concentrations en

Résultats et Discussions

saccharose plus élevées. En effet, à partir de 120 g.L^{-1} de sucre, on observe une faible accumulation des transcrits du gène *PdCPRS1-10*. Cette concentration de saccharose entraînerait une réduction de l'activité métabolique de cette enzyme et par conséquent favoriserait l'orientation des embryons somatiques vers la maturation.

En présence d'ABA, des concentrations de 0,1 à 1 µM favorisent une faible expression du gène *PdCPRS1-10* comparable à celle observée lors d'une application de fortes concentrations de saccharose. L'intensité du signal s'atténue toutefois quand la concentration d'ABA augmente dans le milieu de culture et à 10 µM le signal n'est d'ailleurs plus détecté.

De la même manière que les gènes *PdGLO12* et *PdCPRS1-10*, le gène *PdGOLS1* présente également des profils d'expression variables en fonction des concentrations de saccharose et d'ABA utilisées dans le milieu de culture (figure 52). L'analyse des profils d'expression met en évidence chez les embryons somatiques l'existence de deux transcrits du gène de la galactinol synthase qui serait régulé différemment par le saccharose et l'ABA.

Les premiers transcrits du gène de la galactinol synthase, de poids moléculaire 250 pb, sont détectés pendant la maturation des embryons zygotiques mais aussi chez les embryons somatiques lorsqu'ils sont cultivés sur un milieu enrichi en saccharose ou en ABA. Toutefois, tout comme chez les embryons zygotiques chez lesquels on remarque une atténuation du signal au cours de la maturation, chez les embryons somatiques on observe également une faible accumulation de ces transcrits de la galactinol synthase lorsqu'on augmente la concentration en saccharose dans le milieu de culture. En présence d'une concentration de 120 g.L^{-1} de saccharose les transcrits de *PdGOLS1* ne sont d'ailleurs plus détectés. Ces résultats suggèrent que l'expression de ces transcrits est inhibée par les fortes concentrations de saccharose.

En revanche, aucune expression de la galactinol synthase ne s'observe lorsqu'on utilise une faible concentration d'ABA (0,1 µM) dans le milieu de culture. A partir de 1 µM d'ABA on remarque une forte accumulation de ces premiers transcrits de *PdGOLS1* et au delà de cette concentration le signal est faiblement détecté. Ces résultats laissent supposer que l'expression de ce gène de la galactinol synthase serait régulée négativement par le saccharose et l'ABA.

Les seconds transcrits du gène de la galactinol synthase présentent un poids moléculaire de 350 pb. Ils n'ont été mis en évidence que chez les embryons somatiques et ne sont pas détectés pendant la maturation des embryons zygotiques développés *in planta*. L'expression de ces transcrits semble donc liée à l'application d'un stress osmotique *in vitro*. En présence de sucre, on observe une forte accumulation des transcrits dans la gamme de concentration en saccharose de 60 à 90 gL^{-1}. Au delà de cette gamme, le saccharose devient inhibiteur de leur expression.

Comme le saccharose, l'application d'ABA induit l'accumulation des seconds transcrits du gène de la galactinol synthase. Ces transcrits sont détectés en présence d'une concentration d'ABA de 1 µM. Les faibles concentrations d'ABA (0,1 µM) ne stimulent pas leur accumulation alors que les fortes concentrations (10 µM) l'inhibent.

3. Conclusion

La comparaison des embryons zygotiques et des embryons somatiques de palmier dattier met en évidence des différences d'expression des gènes candidats étudiés chez ces deux types d'embryons traduisant des divergences essentielles entre les deux systèmes.

Les gènes *PdDEHYD15*, *PdEM1*, *PdGLO12*, *PdGOLS1* et *PdCPRS1-10* exprimés chez les embryons zygotiques, s'expriment également chez les embryons somatiques mais avec des profils d'expression tout à fait différents. Ces gènes exprimés de façon différentielle chez l'embryon zygotique en développement sont exprimés tout au long du développement et de la germination chez l'embryon somatique (résultats non montrés). Ce qui laisse supposer qu'il n'y aurait pas de régulation temporelle de ces gènes chez l'embryon somatique et rejoint l'idée d'une germination précoce et d'un développement en continu. Le saccharose ou l'ABA, ajoutés au milieu de culture, modulent chez les embryons somatiques l'expression des gènes étudiés en favorisant notamment l'accumulation des transcrits des gènes *PdDEHYD15*, *PdGLO12* et *PdGOLS1* (associés à la maturation) et en inhibant l'expression du gène *PdCPRS1-10* (associé à la germination).

L'application efficiente de ces deux composés au cours du développement pourrait donc permettre d'inhiber la germination des embryons prétraités et de favoriser leur maturation.

4. Discussion

Les études réalisées sur l'expression des gènes candidats au cours de l'embryogenèse zygotique fournissent de bons marqueurs du développement chez le palmier dattier. L'analyse comparative de l'expression des 5 gènes étudiés a révélé des différences de profils d'expression au cours du développement entre les systèmes zygotiques et somatiques.

Pour l'ensemble des gènes étudiés, les profils d'expression observés chez les embryons zygotiques de dattier correspondent avec la fonction du gène candidat initialement identifié dans la littérature. Ainsi les transcrits des gènes *PdDEHYD15*, *PdEM1*, *PdGLO12*, *PdGOLS1* sont spécifiquement accumulés pendant la phase tardive de l'embryogenèse du palmier dattier. Cette étape correspond, en effet, à une phase d'accumulation des réserves et d'acquisition de la tolérance à la dessiccation. De même, les transcrits du gène *PdCPRS1-10* (cystéine protéinase) apparaissent accumulés pendant la germination, phase qui correspond à la dégradation des réserves (Fischer *et al.*, 2000 ; Schlereth *et al.*, 2000).

Les gènes *PdDEHYD15* et *PdEM1* codent respectivement pour les protéines déhydrines et Em appartenant à la famille des protéines LEA.

Les déhydrines correspondent à des protéines LEA du groupe 2 qui se répartissent en cinq types selon les motifs caractéristiques contenus dans leurs séquences (Close *et al.*, 1989 ; Campbell et Close, 1997). Les déhydrines de type Y_nSK_2 sont les plus fréquemment rencontrées. Elles ont tendance à être fortement induites par la déshydratation. Le type K_n ne contient pas les motifs Y et S et a tendance à être induit par le froid. Les types K_nS ont été identifiés comme étant induits par le froid et la déshydratation. Les deux autres types SK_n et Y_2K_n sont des déhydrines de type hydride. Notre étude a permis de caractériser chez le palmier dattier, la séquence protéique déduite du gène *PdDEHY15*. La présence, dans la séquence protéique déduite de ce gène, des motifs Y, S, K1 et K2 laisse supposer que les déhydrines identifiées chez le palmier dattier sont de type YSK_2. La séquence déduite est très proche de celle des déhydrines identifiées chez le palmier à huile (Aberlenc-Bertossi *et al.*, 2006) mais également des séquences d'autres monocotylédones comme le maïs et l'orge dont les gènes sont exprimés dans des graines germées en réponse à la déshydratation (Close, 1996).

Résultats et Discussions

Les protéines Em sont des protéines LEA du groupe 1 qui ont été mises en évidence chez plusieurs espèces végétales. Comme dans le cas des gènes de déhydrines, la séquence protéique déduite du gène *PdEM1* identifié chez le palmier dattier présentent une forte similarité de séquence avec des gènes exprimés au cours de la maturation des embryons zygotiques de palmier à huile (Aberlenc-Bertossi *et al.*, 2006) et dans les graines déshydratées et en réponse à des stress osmotiques (Espelund *et al.*, 1992).

Les gènes de déhydrines et de Em appartiennent à des familles multi géniques (Espelund et *al.*, 1992 ; Rodriguez *et al.*, 2005). Il serait donc intéressant de poursuivre les études décrites ici par la recherche d'autres gènes chez le palmier dattier pour mieux comprendre la diversité de fonctions au sein de chaque groupe.

Les travaux rapportés dans la littérature font apparaître que l'expression des gènes LEA intervient essentiellement pendant les étapes tardives du développement des graines (Close et al., 1989 ; Hong-Bo *et al.*, 2005). Chez le palmier dattier, nos expériences de RT-PCR ont également montré que les gènes *PdDEHYD15* et *PdEM1* présentent des profils caractéristiques d'expression pendant les étapes tardives de l'embryogenèse zygotique. Nos travaux ont en outre démontré que les gènes *PdDEHYD15* et *PdEM1* sont exprimés dans les embryons en début de germination *in vitro* pendant les phases correspondant à l'imbibition des embryons. En revanche, comme dans le cas du palmier à huile (Aberlenc-Bertossi *et al.*, 2006), les transcrits ne sont quasiment plus détectés lors de la reprise de croissance des jeunes germinations. Il est cependant nécessaire de compléter l'étude des transcrits des gènes LEA par l'analyse des protéines correspondantes seules susceptibles d'être impliquées dans la protection des tissus vis à vis de la déshydratation.

Les travaux de Gee *et al.* (1994) et ceux de Still *et al.* (1994) semblent montrer qu'il n'existe pas de relation systématique entre l'expression des gènes LEA et l'aptitude à la déshydratation des semences. Toutefois, chez le palmier à huile, l'accumulation des transcrits de déhydrines et de Em est associée à la déshydratation progressive des embryons zygotiques et à l'acquisition de la tolérance à la dessiccation qui intervient entre 80 et 120 JAP (Aberlenc-Bertossi *et al.*, 2006). Ces observations apparaissent similaires à celles que nous avons faites chez le palmier dattier chez lequel on remarque également une importante accumulation des transcrits pendant la maturation des embryons zygotiques entre le 117ème et 161ème jour après la pollinisation.

Résultats et Discussions

Nos résultats confortent les observations de Close *et al.* (1996) qui ont pu établir que les gènes LEA sont exprimés pendant les phases tardives de l'embryogenèse mais également en réponse à la déshydratation chez les plantes.

Cette réponse est fréquemment associée à l'accumulation de régulateurs de croissance comme l'ABA (Close *et al.*, 1989, Espelund *et al.*, 1992 ; Kamisugi et Cumming, 2005). Les gènes LEA seraient alors régulés par l'ABA au niveau transcriptionnel par la présence de motifs conservés de type ABRE dans leur promoteur (Busk et Pages, 1998 ; Kamisugi et Cumming, 2005).

L'étape de la maturation des embryons zygotiques de palmier dattier est également caractérisée par une très forte accumulation de substances de réserves protéiques. Nos résultats ont, en effet, montré une très forte accumulation de réserves protéiques intensément colorées en noir par le Naphtol Blue Black chez l'embryon zygotique mature de palmier dattier. Chez le palmier à huile, Morcillo (1998) a montré que les réserves protéiques sont pour l'essentiel constituées de protéines de type globulines présentant une grande similitude avec les protéines d'albumen et / ou d'embryons décrites chez des palmacées comme *Phœnix dactylifera* et *Washingtonia filifera* (Chandra-Sekhar et Demason, 1988 a et b) ou encore *Cocos nucifera* (Demason et Chandra-Sekhar, 1990).

Les globulines sont des protéines très riches en acides aminés azotés (Morcillo, 1998). L'analyse de la séquence protéique déduite du gène *PdGLO12* identifié chez le palmier dattier présente une forte similarité de séquence avec les gènes *EgGLO7A* et *GhVICILIN* exprimés au cours de la maturation des embryons zygotiques de *Gossypium hirsutum* et d'*Elaeis guineensis* (Belanger et Kriz, 1991 ; Aberlenc-Bertossi, 2004). Ces séquences sont caractérisées par la présence de 2 domaines "cupin 1" caractéristiques des protéines de réserve 11S (type légumine) et 7S (type viciline) contenues dans les graines (Shewry, 1995).

Comme pour les gènes LEA étudiés, l'analyse des profils d'expression du gène *PdGLO12* nous a permis d'observer, chez le palmier dattier, une très forte accumulation des transcrits de la globuline au cours de la maturation des embryons zygotiques comparable à celle observée chez les embryons de palmier à huile (Aberlenc-Bertossi, 2004).

Résultats et Discussions

Dans nos conditions expérimentales, les transcrits du gène *PdGLO12* fortement accumulés pendant la maturation des embryons zygotiques de dattier ne sont plus détectés au cours de leur germination *in vitro*. Aberlenc-Bertossi *et al*. (2004) ont également obtenu des résultats similaires chez *Elaeis guineensis* et ont pu montrer l'utilisation de ces protéines de réserve au cours de cette étape du développement.

En revanche, nos résultats ont montré une très forte accumulation des transcrits du gène *PdCPRS1-10* pendant la germination *in vitro* des embryons zygotiques de palmier dattier. Les cystéines protéinases sont des protéases (Müntz, 1998) qui sont fortement impliquées dans la dégradation des protéines de réserves chez les céréales (Bewley et Black, 1994) et les dicotylédones (Müntz, 1996 ; Schlereth *et al*., 2001). Chez *Vicia faba*, Fischer *et al*. (2000) ont pu mettre en évidence, dans les corps protéiques, la présence de trois cystéines protéinases (*CPRS1, CPRS2* et *VsPB2*) qui participent à la dégradation des globulines dans les conditions *in vitro*. Toutefois, les travaux de Becker *et al*. (1995) et ceux de Fischer *et al*. (2000) ont pu établir, respectivement chez *Vicia sativa* et *Vicia faba*, que l'expression du gène *CPRS* débute pendant la maturation des graines et se poursuit au cours de la germination et de la croissance des plantules.

L'analyse de la séquence protéique déduite du gène *de la cystéine protéinase* identifié chez le palmier dattier montre que le gène *PdCPRS1-10* présente une forte similarité de séquence avec les gènes *EgCPRS1* d'*Elaeis guineensis*, *ZmCPR* de *Zea mays* et *NbCPR* de *Nicotiana benthamiana*. Ces séquences présentent un domaine Peptidase C1 caractéristique des protéases de la famille des papaïnes qui seraient les précurseurs de la protéolyse au cours de la germination des graines (Shutov et Vaintrub, 1987). Toutefois, si le rôle des cystéines protéinases dans les processus de dégradation des protéines de réserves a été mis en évidence chez de nombreuses plantes, les travaux de Schlereth *et al*. (2000) semblent montrer que la présence de ces enzymes serait également indispensable dans la mobilisation des protéines globulines au niveau des organes de stockage. En effet, en analysant l'action différentielle de différentes cystéines protéinases, ces auteurs ont pu observer chez *Vicia faba*, une augmentation des niveaux d'accumulation des transcrits de cystéines protéinases qui catalyseraient la mobilisation des globulines pendant la maturation des graines.

L'ensemble de ces résultats permet de rendre compte du degré de complexité des rôles et du mode d'action des cystéines protéinases. L'approfondissement des connaissances sur cette famille multigénique des cystéines protéinases (Schlereth *et al*., 2000) serait donc nécessaire pour préciser leur mode d'action au cours de la maturation et de la germination des graines.

Comme nous l'avons déjà remarqué dans le chapitre précédent, les tissus des embryons zygotiques matures de palmier dattier sont particulièrement riches en sucres solubles notamment en saccharose et en oligosaccharides. Ces molécules participent à la protection et au maintien de l'intégrité cellulaire chez les plantes en situation de stress (Thomas *et al*., 1995 ; Nanjo *et al*., 1999 a et b ; Taji *et al*., 2002). En effet, Xiao et Koster, (2001) puis Pennycooke *et al*. (2003) ont pu observer une très grande sensibilité aux stress hydrique et thermique en perturbant la voie de biosynthèse des oligosaccharides respectivement chez des mutants de pois issus de protoplastes et des plantes trangéniques de pétunia.

Chez le soja (Castillo *et al*., 1990) et le palmier à huile (Aberlenc-Bertossi, 2000), l'accumulation des oligosaccharides est surtout observée au cours de la maturation et de la déshydratation des graines.

Le gène de la galactinol synthase, première enzyme de la voie de biosynthèse des oligosaccharides, est spécifiquement exprimé au cours d'un stress chez *Arabidopsis thaliana* et *Zea mays* (Taji *et al*., 2002 ; Zhao *et al*., 2004) mais également pendant les étapes tardives de l'embryogenèse zygotique chez *Lycopersicon esculentum* (Downie *et al*., 2003). Chez le palmier dattier, l'analyse des profils d'expression du gène de la galactinol synthase a révélé que *PdGOLS1* est également caractéristique des étapes tardives de l'embryogenèse zygotique. En effet, non détectés au cours de la germination, nous avons pu observer une forte accumulation des transcrits de ce gène pendant la maturation des embryons.

L'analyse de la séquence protéique déduite du gène de la galactinol synthase identifié chez le palmier dattier montre que le gène *PdGOLS1* présente une forte similarité de séquence avec les gènes *EgGOLS1* d'*Elaeis guineensis*, *ZmGOLS1* de *Zea mays* et *LeGOLS1* de *Lycopersicon esculentum*. Ces séquences présentent un domaine glycosyltransférase qui est le siège des réactions de polymérisation des unités disaccharidiques en chaînes glycanes (van Heijnoort, 2001).

Les travaux de Taji *et al.* (2002) et ceux de Zhao *et al.* (2004) ont mis en évidence l'existence de différents facteurs d'induction de l'expression de gènes de la galactinol synthase respectivement chez des mutants d'*Arabidopsis thaliana* et chez *Zea mays*. Ces études laissent apparaître également une diversité de gènes de la galactinol synthase présentant une spécificité d'action en réponse aux stress hydrique ou thermique.

Les gènes de la galactinol synthase appartiennent à une famille multigénique (Taji *et al.*, 2002 ; Zhao *et al.*, 2004). Il serait donc intéressant de poursuivre les études décrites ici par la recherche d'autres gènes chez le palmier dattier pour mieux comprendre la diversité des fonctions au sein de cette famille.

En conclusion, la maturation des embryons zygotiques de palmier dattier, définie comme l'accumulation des réserves et l'acquisition des mécanismes de tolérance à la dessiccation apparaît caractérisée chez cette espèce par une forte accumulation des transcrits des gènes *PdDEHYD15*, *PdEM1*, *PdGLO12* et *PdGOLS1*. En revanche, le gène *PdCPRS1-10* ne s'exprime que pendant la germination des embryons. L'ensemble de ces données nous a servi de référence pour l'étude des phases tardives du développement des embryons somatiques de palmier dattier régénérés *in vitro*.

Les embryons somatiques de palmier dattier présentent des analogies structurales avec les embryons zygotiques, en particulier par la mise en place d'un axe embryonnaire. Cependant, des différences ont été observées entre les deux systèmes d'embryogenèse au niveau développemental et biochimique (Tableau 17). En effet, lorsqu'ils atteignent le stade de développement III, la teneur en eau des embryons somatiques (91,9%) apparaît 9 fois plus importante que celle des embryons zygotiques. De plus, ils accumulent environ 2 fois moins de masse sèche, 2,3 fois moins de sucres solubles totaux et environ 13 fois moins d'oligosaccharides que leurs homologues zygotiques.

Tableau 17 : Comparaison des phases tardives de l'embryogenèse zygotique et de l'embryogenèse somatique chez le palmier dattier.

Paramètres de comparaison	Embryon zygotique	Embryon somatique (stade III)
Taille	1,5 à 2 mm	10 à 11 mm
Teneur en eau pour 25 embryons	10%	91,9%
Masse sèche pour 25 embryons	39,6 mg	21,5 mg
Teneur en sucres totaux pour 25 embryons	206,5 mg.g^{-1} MS	88,4 mg.g^{-1} MS
Teneur en oligosaccharides (Raffinose +Stachyose) pour 25 embryons	47,5 mg.g^{-1} MS	3,66 mg.g^{-1} MS
Accumulation de réserves protéiques	Elevée entre le 117ème et le 161ème JAP	Faible tout le long du développement

La problématique était alors de savoir si les embryons somatiques de palmier dattier étaient capables d'exprimer des caractéristiques de la maturation lorsqu'ils sont cultivés dans nos conditions de morphogenèse.

Dans le chapitre précédent, nous avons pu montrer que l'adjonction de saccharose ou d'ABA dans les milieux de culture favorisait une réduction de la teneur en eau dans les embryons somatiques de palmier dattier, dans des proportions parfois comparables à celles observées chez les embryons zygotiques. Parallèlement, on observe chez ces embryons une augmentation de leur masse de matière sèche que nous avons pu lier à une forte accumulation de sucres solubles. Ces résultats montrent que l'ABA et le saccharose permettent de restaurer chez l'embryon somatique de dattier un état de maturation comparable à celui décrit chez les embryons somatiques de *Elaeis guineensis* (Aberlenc-Bertossi, 2001).

L'approche RT-PCR utilisée pour étudier l'expression des gènes *PdDEHYD15*, *PdEM1*, *PdGLO12*, *PdCPRS1-10* et *PdGOLS1*, sous l'influence de l'ABA et du saccharose, nous a permis de caractériser leur profil d'expression au cours des étapes tardives de l'embryogenèse somatique chez le palmier dattier. Les résultats obtenus ont montré que ces différents gènes s'expriment chez ces deux systèmes d'embryogenèse, ce qui conforte l'idée selon laquelle ces gènes de palmier dattier et les gènes candidats décrits chez les plantes modèles auraient des fonctions similaires et seraient homologues.

Toutefois, des études de génomique fonctionnelle permettraient d'apporter des informations plus précises.

Par ailleurs, les profils d'expression observés apparaissent différents chez ces deux types d'embryons. En effet, chez l'embryon zygotique, les transcrits des gènes LEA, *PdDEHYD15* et *PdEM1* (Aberlenc-Bertossi *et al.*, 2006) et ceux des gènes *PdGLO12* et *PdGOLS1* ne sont fortement détectés que pendant la phase de la maturation des embryons alors que le gène *PdCPRS1-10* apparaît caractéristique de la germination et ne s'exprime que pendant cette phase du développement embryonnaire qui correspond à une étape de dégradation des réserves (Schlereth *et al.*, 2000).

En revanche, ces gènes exprimés de façon différentielle chez l'embryon zygotique en développement, sont exprimés tout au long du développement et de la germination chez l'embryon somatique. En effet, nous avons pu mettre en évidence leur expression au stade suspension (en prétraitement) et au stade I du développement des embryons somatiques (résultats non montrés). Ces deux stades correspondent à la proembryogenèse. De même, l'expression de ces gènes a été observée aux stades de développement II et III, correspondant aux étapes tardives de l'embryogenèse. Ces observations suggèrent qu'il n'y aurait pas de régulation temporelle de ces gènes chez l'embryon somatique et confortent l'hypothèse d'un développement en continu. Les différences entre ces deux types d'embryogenèse pourraient s'expliquer non seulement par leur origine, mais également par l'environnement au sein duquel évoluent les embryons somatiques et zygotiques. En effet, issus de la multiplication de cellules indifférenciées, le niveau d'hydratation des embryons somatiques est supérieur à celui des embryons développés *in planta*. De plus, les embryons cultivés *in vitro* ne bénéficient pas de l'environnement *in planta* et des facteurs maternels, comme les hormones, dont bénéficie l'embryon zygotique (Yeung, 1995).

Cependant, nos résultats ont montré que l'adjonction de saccharose ou d'ABA permet de réguler l'expression de ces gènes chez l'embryon somatique de palmier dattier comme cela a été également observé chez le palmier à huile (Aberlenc-Bertossi, communication personnelle). En effet, les gènes *PdDEHYD15*, *PdGLO12*, *PdGOLS1* et *PdCPRS1-10* présentent des profils d'expression variables en fonction des concentrations de saccharose et d'ABA utilisées. Des concentrations de saccharose de 60 à 120 g.L^{-1} et d'ABA de 1 µM favorisent l'expression des gènes *PdDEHYD15*,

PdGLO12 et *PdGOLS1* et entraînent une accumulation de leurs transcrits à des niveaux comparables à ceux observés pendant la maturation des embryons zygotiques de palmier dattier. Le gène de la cystéine protéinase, fortement exprimé pendant la germination des embryons zygotiques s'exprime également chez les embryons somatiques en présence de concentrations en saccharose de 60 à 90 g.L^{-1}. Toutefois, nos résultats ont montré que l'ABA ainsi que les fortes concentrations de saccharose (120 g.L^{-1}) inhibent, chez les embryons somatiques, l'activité métabolique de la cystéine protéinase et par conséquent leur germination précoce.

D'une façon générale, l'application de faibles concentrations de saccharose et d'ABA conduit à une faible accumulation des transcrits de ces gènes alors que les fortes concentrations inhibent leur expression chez les embryons somatiques de palmier dattier. Ces résultats montrent que le saccharose et l'ABA jouent un rôle dans le contrôle de l'expression de ces gènes comme l'ont suggéré Busk et Pages (1998) puis Kamisugi et Cumming (2005) dans le cas des gènes LEA qui seraient régulés par l'ABA au niveau transcriptionnel par la présence de motifs conservés de type ABRE dans leur promoteur.

En conclusion, les essais réalisés dans cette étude montrent que l'ABA et le saccharose sont favorables à l'expression de la maturation embryonnaire. Ces deux effecteurs semblent pouvoir inhiber la germination précoce des embryons somatiques en favorisant l'expression des gènes marqueurs de la maturation. L'optimisation de leurs conditions d'application devrait permettre d'améliorer à terme la qualité des embryons somatiques de palmier dattier.

CONCLUSION GENERALE ET PERSPECTIVES

Les travaux présentés dans cet ouvrage font partie d'un ensemble de recherches sur la multiplication végétative du palmier dattier, plante dioïque réputée difficile à régénérer *in vitro*. Ils répondent à un objectif appliqué : l'optimisation des procédés de clonage de cette espèce par embryogenèse somatique afin d'améliorer l'efficacité de la micropropagation des génotypes d'intérêt.

Ces recherches nous ont amené à nous intéresser aux problèmes plus fondamentaux d'une part, de la connaissance de la séquence des événements cellulaires qui caractérisent les étapes précoces de la régénération et d'autre part de la régulation de la maturation au cours des phases tardives de l'embryogenèse.

La majorité des travaux traitant de l'embryogenèse somatique du palmier dattier a été consacrée aux cultivars du Moyen Orient et du Maghreb et très peu de données sont disponibles sur la physiologie du développement *in vitro* des génotypes adaptés à l'environnement sahélien. D'autre part, la plupart des études rapportées ont longtemps été orientées vers la mise au point de protocoles de régénération et ce n'est que depuis ces dernières années que des approches visant à la description et à la compréhension des phénomènes sont envisagées.

C'est dans ce contexte que nous avons entrepris ce travail de recherche sur l'embryogenèse somatique chez les cultivars de palmiers dattiers sahéliens : Ahmar, Amsekhsi, Tijib et Amaside. Les approches utilisées, à la fois d'ordre physiologique, morpho-histocytologique, cytogénétique, biochimique et moléculaire nous ont permis pour la première fois, de décrire le processus complet de régénération à partir de suspensions cellulaires d'embryons somatiques de palmier dattier.

La méthode de régénération mise en place comporte plusieurs étapes et nous avons montré que chacune d'entre elles est caractérisée par des besoins physiologiques et des niveaux hormonaux spécifiques. L'induction de la callogenèse nécessite l'apport de régulateurs de croissances exogènes et l'utilisation d'une combinaison auxine – cytokinine permet d'optimiser l'apparition des cals et d'initier la proembryogenèse. La croissance et le développement des embryons somatiques s'obtiennent à la suite d'un rééquilibrage de la balance hormonale en faveur des cytokinines. Cependant, l'expression de la maturation dépend de l'adjonction d'ABA ou de fortes concentrations de saccharose dans les milieux de culture.

Conclusion générale et Perspectives

L'analyse histocytologique réalisée au cours de cette étude a permis la première description précise des différentes étapes de l'embryogenèse somatique chez le palmier dattier : l'activation des cellules de la zone périvasculaire sur l'explant foliaire immature aboutissant à la formation des cals primaires, la nécessité d'une callogenèse secondaire conduisant à la formation des cals friables après suppression des corrélations cellulaires par déstructuration mécanique des cals primaires, l'origine unicellulaire ou pluricellulaire des embryons, l'absence d'accumulation de réserves pendant la maturation des embryons somatiques et enfin le développement de ces embryons en plants enracinés.

Cependant, même si le système développé permet la régénération d'embryons somatiques complets, les résultats présentés ont montré que la phase initiale de la régénération, la callogenèse primaire, est génotype dépendant et peut même être limitante chez certains cultivars de palmier dattier. Toutefois, les forts taux de callogenèse obtenus (76 à 80%) chez les cultivars Ahmar et Ameskhsi en présence des combinaisons 2,4-D / adénine soulignent l'importance de la balance auxine / cytokinine au cours de cette phase du développement chez le palmier dattier. Ces résultats suggèrent qu'en agissant sur la balance hormonale, dans le cas du palmier dattier, on pourrait améliorer cette étape de la callogenèse primaire chez les génotypes réfractaires comme Tijib et Amaside.

L'approfondissement des connaissances sur les facteurs de la réactivation des cellules somatiques au début de l'initiation de la callogenèse devrait permettre de mieux comprendre l'inaptitude à la callogenèse chez les génotypes réfractaires. Bien que l'influence des auxines, en particulier du 2,4-D, sur l'acquisition de la compétence cellulaire à la callogenèse ait été montrée chez de nombreuses espèces végétales (Fehér et al., 2004), peu d'informations, aux niveaux cellulaire et moléculaire sont disponibles concernant les mécanismes de réactivation des cellules somatiques au cours de l'induction de la callogenèse sous l'effet des régulateurs exogènes. La détermination de la structure et des particularités des cellules à l'origine de la callogenèse et leur caractérisation sous l'effet du 2,4-D constitue une piste de recherche intéressante qui pourrait favoriser une meilleure maîtrise de cette étape.

Les récents résultats obtenus par notre équipe de recherche sur la localisation du 2,4-D au niveau cellulaire semblent montrer l'existence de cellules cibles qui accumulent

Conclusion générale et Perspectives

l'auxine au niveau nucléaire. La détermination de la cinétique d'accumulation cellulaire du 2,4-D pourrait permettre, d'une part d'approfondir les connaissances sur les mécanismes de la réactivation cellulaire sous l'influence de l'auxine et, d'autre part une meilleure compréhension de l'acquisition de la compétence des cellules à l'embryogenèse.

Par ailleurs, Jimenez et Bangerth (2001) ont pu établir que les niveaux élevés d'AIA endogène sous l'influence du 2,4-D seraient à l'origine de la totipotence des cellules somatiques chez *Zea mays*. D'autre part, le 2,4-D stimulerait l'activité cellulaire par son action dans la redistribution des transporteurs membranaires d'efflux d'auxine (Morris, 2000). L'approfondissement des connaissances sur le mode d'action du 2,4-D permettrait de mieux comprendre son rôle dans la réactivation cellulaire et par conséquent une meilleure maîtrise de la callogenèse chez le palmier dattier.

Ces différentes pistes de recherche sur la callogenèse initiale chez le palmier dattier font actuellement l'objet de travaux de recherche dans le cadre d'une thèse de doctorat et sont au cœur de la problématique de recherche de l'équipe « Embryogenèse somatique des Arécacées » UCAD-IRD-CIRAD.

L'obtention de cals friables a été décrite chez de nombreuses espèces végétales comme étant essentielle pour l'initiation de l'embryogenèse somatique (Kamo *et al.*, 2004). Nos résultats ont montré que ce type de cals s'obtient par la déstructuration des cals primaires. Cette déstructuration correspond à une étape importante et nécessaire à la formation des cals friables qui sont indispensables chez le palmier dattier à l'acquisition et au maintien des potentialités embryogénétiques des tissus en milieu liquide.

Les embryons somatiques de palmier dattier s'engagent directement dans un programme de germination après seulement 5 à 6 semaines de morphogenèse *in vitro*. Ils n'accumulent pas de réserves et ne connaissent pas de phase de quiescence (Sané *et al.*, 2006). La croissance et le développement continu des embryons somatiques vers des plantes entières et l'absence de maturation ont été décrits chez plusieurs espèces notamment chez le palmier à huile (Aberlenc-Bertossi, 2001). En ce sens, du fait d'un environnement très différent, les phases tardives de l'embryogenèse somatique se distinguent de celles de l'embryogenèse zygotique (Yeung, 1995).

La phase de maturation des embryons zygotiques de palmier dattier est caractérisée par une forte accumulation de protéines de réserve, d'oligosaccharides et de transcrits des gènes *PdDEHYD15*, *PdEM1*, *PdGLO12* et *PdGOLS1* et une inhibition de l'activité des protéases. En revanche, le système somatique est caractérisé par une extrême pauvreté des tissus en substances de réserve et une faible accumulation d'oligosaccharides. De plus, le système zygotique est caractérisé par une régulation temporelle de l'expression des gènes *PdDEHYD15*, *PdEM1*, *PdGLO12* et *PdGOLS1* qui ne s'expriment que pendant la maturation et du gène *PdCPRS1-10* caractéristique de la germination. Cette régulation temporelle n'existe pas dans le système somatique où l'ensemble des gènes s'exprime en même temps. L'absence de régulation temporelle de l'expression de ces gènes pourrait être à l'origine des différences d'aptitude à la maturation entre les deux systèmes d'embryogenèse et du développement en continu morphogenèse – germination observé chez l'embryon somatique.

L'hypothèse d'un développement en continu a été étayée chez l'embryon somatique de palmier à huile par la recherche d'activités spécifiques de la germination telle la dégradation des protéines de réserves (Aberlenc-Bertossi, 2001). Chez de nombreuses espèces, des cystéines protéases ont été identifiées comme jouant un rôle principal dans la dégradation des globulines pendant la germination des embryons zygotiques (Mütz, 1996). Chez le palmier à huile, Morcillo (1998) a pu isoler un ADNc correspondant aux transcrits d'un inhibiteur de ce type d'enzyme chez l'embryon zygotique. La comparaison de l'accumulation des transcrits correspondants pourrait être réalisée au cours de l'embryogenèse zygotique et de l'embryogenèse somatique chez le palmier dattier. Cette comparaison permettrait d'apporter des informations sur la régulation de leur expression et à plus long terme, on pourrait alors envisager l'addition d'inhibiteurs de protéases spécifiques dans le milieu de culture pour limiter l'action potentielle de ces enzymes au cours du développement des embryons.

Les résultats présentés ont montré que l'enrichissement du milieu de culture en saccharose et en ABA permet de réguler l'activité des gènes *PdDEHYD15*, *PdEM1*, *PdGLO12*, *PdGOLS1* et *PdCPRS1-10* et de favoriser l'expression de la maturation chez les embryons somatiques de palmier dattier. Cependant, comparativement à l'ABA, l'apport de saccharose provoque une déshydratation et une accumulation plus importantes de réserves glucidiques et d'oligosaccharides chez les embryons somatiques de palmier dattier. Toutefois, la maturation des embryons somatiques traités au saccharose demeure incomplète par rapport à celle des embryons zygotiques de dattier développés *in planta*. Les composés caractéristiques de l'état mature identifiés chez ces derniers (faibles teneurs en eau et forte accumulation de protéines de réserve, d'oligosaccharides et des transcrits des gènes associés à la maturation), sont peu accumulés dans les embryons somatiques traités au saccharose. Ces résultats suggèrent que même si le saccharose favorise l'induction de la maturation, il entraîne toutefois, dans les embryons somatiques une évolution différente de celle mise en place *in planta*. En revanche, chez le palmier à huile, c'est plutôt l'ABA qui favorise l'apparition de protéines déhydrines et s'accumule dans les embryons, reproduisant dans une moindre mesure, des évolutions décrites au cours des étapes tardives de l'embryogenèse zygotique *in planta* (Aberlenc-Bertossi, 2001).

Ces différents résultats confirment l'existence de plusieurs voies associées à l'expression de la maturation au cours de l'embryogenèse et montrent que le saccharose et l'ABA entraînent des évolutions différentes dans les embryons somatiques mais que leurs actions pourraient être complémentaires.

Afin de favoriser une maturation plus complète, il apparaît alors important de nous intéresser à d'autres effecteurs susceptibles de réguler les étapes tardives de l'embryogenèse somatique.

En ce sens, une déshydratation lente en atmosphère à humidité contrôlée pourrait permettre de compléter la maturation des embryons somatiques de palmier dattier. Ce type de déshydratation a, en effet, permis l'acquisition d'une tolérance partielle et d'une tolérance complète à la dessiccation respectivement chez les embryons somatiques de palmier à huile (Aberlenc-Bertossi, 2001) et de carotte (Timbert *et al.*, 1996). La vitesse de déshydratation serait déterminante pour favoriser la mise en place de mécanismes intrinsèques de protection vis à vis de la dessiccation (Aberlenc-Bertossi, 2001).

De plus, l'observation de l'environnement des embryons zygotiques *in planta* suggère que la disponibilité en oxygène et l'absence de lumière pourraient réguler l'évolution des embryons. Chez les embryons somatiques, la modification de ces paramètres dans l'environnement de culture pourrait également permettre de moduler leur développement.

Le procédé d'embryogenèse somatique que nous avons développé *via* des suspensions cellulaires embryogènes permet d'envisager une production prévisionnelle d'environ

Conclusion générale et Perspectives

10 000 embryons individualisés à partir de 15 g de matière fraîche. Ces résultats suggèrent que le procédé pourrait être utilisé pour une production à grande échelle de vitroplants à partir de cultivars sélectionnés de palmier dattier. Ce système permettra de développer la technologie de semences artificielles clonales chez le palmier dattier (Paquier, 2002).

De plus, l'analyse fine de la quantité d'ADN par noyau (qDNA) réalisée dans le cadre de cette étude comme première approche d'évaluation de la vitrovariation a révélé que le procédé de micropropagation adopté n'induit pas de perturbations du niveau de ploïdie des régénérants, pas plus que des délétions importantes. Il conviendra toutefois de poursuivre l'analyse de la conformité des régénérants en utilisant notamment une approche moléculaire. A cet effet, les marqueurs microsatellites déjà mis au point chez le palmier dattier (Billotte *et al.*, 2004) pourraient être utilisés pour vérifier la conformité au niveau ADN. Ces méthodes précoces ne sont toutefois que des indicateurs partiels de la conformité qui permettent de faire un premier tri et d'avoir une évaluation sur la qualité du travail réalisé *in vitro*. La vérification au champ pendant toute la durée de vie de la plante étant actuellement le seul moyen définitif de détecter les variants.

Le travail présenté a permis d'améliorer les connaissances sur la description et la caractérisation des différentes étapes de la morphogenèse embryonnaire et sur la régulation des phases tardives de l'embryogenèse chez le palmier dattier. Ces travaux n'avaient pas encore été réalisés chez cette espèce et constitue, de ce fait, une approche originale.

Le pilotage du développement des embryons somatiques à partir de marqueurs biochimiques et génomiques de l'état mature permettra, sans aucun doute, un gain de temps dans l'amélioration des systèmes de culture *in vitro*. Si de nombreuses adaptations sont encore nécessaires afin de maîtriser la maturation des embryons somatiques, l'ensemble des résultats acquis devrait nous permettre de définir des protocoles adaptés à l'amélioration de la qualité des embryons et de la vigueur des plants régénérés.

Par ailleurs, l'inventaire puis la caractérisation génétique des cultivars d'intérêt constitue une perspective intéressante qui devrait aider au choix des têtes de clones à diffuser dans la zone sahélienne. D'autre part, l'obtention de suspensions doit être généralisée à l'ensemble des cultivars. Dans cet objectif, des recherches sur la callogenèse et l'induction de l'embryogenèse en milieu liquide méritent d'être poursuivies. D'autres types d'explant (inflorescence, embryon) pourraient permettre de générer des cals à texture friables, embryogènes et se désagrégeant pour former une suspension, avec une fréquence supérieure à celle observée pour les cals d'origine foliaire. Sur le plan fondamental, il serait intéressant d'envisager la recherche de marqueurs moléculaires liés à la précocité observée chez certains cultivars de palmiers dattiers. La caractérisation de ces marqueurs permettrait la mise en place de stratégies d'introgression de génomes et d'amélioration génétique du palmier dattier. Ces différentes activités de recherche seront développées en étroite collaboration avec nos partenaires au développement et à la recherche.

La production à grande échelle de clones de palmier dattier constitue une perspective intéressante pour la mise en place des essais d'évaluation multiclonaux des génotypes sélectionnés mais également un enjeu primordial pour le développement de la phoeniciculture dans l'aire sahélienne.

RESUME

Le palmier dattier (*Phœnix dactylifera* L.) est une Arécacée dioïque d'intérêt à la fois économique et écologique, pour laquelle la micropropagation *in vitro* est indispensable pour assurer le renouvellement et l'extension des palmeraies. Les travaux présentés dans cet ouvrage sont une contribution à la recherche sur l'amélioration des procédés de multiplication végétative chez le palmier dattier. Les recherches ont porté sur quatre cultivars sahéliens : Ahmar, Amsekhsi, Tijib et Amaside. Les résultats sont présentés en deux parties.

La première partie a pour objectif de préciser les connaissances sur la séquence des événements cellulaires, physiologiques et cytologiques caractéristiques des différentes étapes de la régénération chez le palmier dattier. Ces recherches ont abouti à la mise au point d'un procédé de régénération à partir de suspensions cellulaires embryogènes comportant 4 phases essentielles : (i) l'induction de la callogenèse optimisée à l'obscurité en présence de combinaisons hormonales à base d'auxine (2,4-D) et de cytokinine (BAP), (ii) l'initiation de l'embryogenèse en milieu liquide en présence de 2,4-D; (iii) le développement des embryons somatiques sur milieux enrichis en BAP et en saccharose ; (iv) la germination conduisant à l'obtention des vitroplants sur milieu enrichi en ANA.
L'interprétation des données histocytologiques a permis de décrire pour la première fois la succession des événements cellulaires ainsi que les différentes voies conduisant à l'apparition d'une embryogenèse asexuée chez le palmier dattier.
L'analyse cytofluorimétrique n'a révélé aucune différence du niveau de ploïdie entre les vitroplants et les plants issus de graines.

La deuxième partie de l'ouvrage a pour objectif d'améliorer les connaissances sur la biologie du développement des embryons et d'identifier des facteurs intervenant dans le déroulement des étapes tardives de l'embryogenèse afin de mieux contrôler la maturation des embryons et d'optimiser leur qualité ainsi que la vigueur des plantules régénérées. Dans cette optique, les embryons zygotiques, utilisés comme modèle d'étude, nous ont permis de décrire des caractéristiques cellulaires, physiologiques, biochimiques et moléculaires au cours de leur développement *in vivo* et *in vitro*. L'évolution des teneurs en sucres et de l'expression de gènes candidats marqueurs des étapes de la maturation et de la germination des embryons a été particulièrement étudiée. Les résultats obtenus ont permis de préciser des caractéristiques liées à l'expression de la maturation chez les embryons zygotiques. Le développement des embryons somatiques a ensuite été comparé avec celui des embryons zygotiques. Nos résultats ont montré que la maturation des embryons somatiques est incomplète par rapport à celle des embryons zygotiques développés *in planta*. Les effets du saccharose et de l'ABA sur l'induction de la maturation des embryons somatiques ont été étudiés. Leur influence sur l'expression des caractéristiques de la maturation en particulier sur l'accumulation des sucres solubles et l'expression de gènes marqueurs des étapes tardives du développement des embryons a été analysée et discutée. Les résultats obtenus mettent en relief l'importance de ces deux effecteurs dans la régulation des phases tardives de l'embryogenèse chez le palmier dattier.

Cette étude, intéressante à la fois pour les physiologistes et les sélectionneurs, propose un procédé de régénération d'embryons somatiques, via les suspensions cellulaires, chez des cultivars de palmiers dattiers adaptés à l'environnement sahélien.

REFERENCES BIBLIOGRAPHIQUES

-A-

Aberlenc-Bertossi F, Noirot M, Duval Y. (1999). BA enhances the germination of oil palm somatic embryos derived from embryogenic suspension cultures. *Plant Cell, Tissue and Organ Culture* 56 (1) : 53-57.

Aberlenc-Bertossi F. (2001). Etude de la tolérance à la dessiccation des embryons zygotiques et somatiques de palmier à huile (*Elaeis guineensis* Jacq.). Thèse de doctorat de l'Université de l'Université Paris VI, 103 p.

Aberlenc-Bertossi F., Chabrillange N. & Duval Y. (2001) Abscisic acid and desiccation tolerance in oil palm (*Elaeis guineensis* Jacq.) somatic embryos. *Genetics Selection Evolution*, 33 (Suppl.1) S75-S84.

Aberlenc-Bertossi F., Chabrillange N., Corbineau F. & Duval Y. (2003). Acquisition of desiccation tolerance in developing oil palm (*Elaeis guineensis* Jacq.) embryos *in planta* and *in vitro* in relation to sugar content. *Seed Science Research*, 13, 179-186.

Aberlenc-Bertossi F., Chabrillange N., Jouannic S., Morcillo F. & Duval Y. (2004). Comparison of globulin deposition and protease activities in developing and germinating oil palm zygotic and somatic embryos. *Seeds*, 15-19 may Gatersleben.

Aberlenc-Bertossi F., Sané D., Daher A., Borgel A. & Duval Y. (2006). Aptitude à la déshydratation des embryons zygotiques de palmier à huile et de palmier dattier : étude de l'expression de gènes LEA. *Les Actes du BRG*, 6 : 401-413.

Adam H., Jouannic S., Escoute J., Duval Y., Verdeil J.-L., Tregear J. W. (2005). Reproductive developmental complexity in African oil palm (*Elaeis guineensis*) *American journal of Botany* in press.

Afele J. C., Senaratna T., Mckersie B. D. and Saxena P. K. (1992). Somatic embryogenesis and plant regeneration from zygotic embryos culture in blue spruce (*Picea pungens*). *Plant Cell Reports*, 11: 299-303.

Ahmed K. Z. and Sagi F. (1993). Hith effiency plant regeneration from an embryonic cell suspension culture of Winter wheat (*Triticum aestuvum* L.). *Acta Biologica Hungarica*, 44(4) : 421-432.

Akerson R. C. (1984). Regulation of soybean embryogenesis by abscisic acid. *J. of Exp. Bot.*, 35 : 403-413.

Almoguera C. & Jordano J. (1992). Developmental and environnement concurrent expression of sunflower dry-seed-stored low-molecular-weight heat-shock protein and LEA mRNAs. *Plant Physiol.*, 19 : 781-792.

Altamura M. M., Bassi P., Cavallini A., Cionni G., Cremonini R., Monacelli B et Pasqua G. (1987). Nuclear DNA changes during plant development and the morphogenetic response *in vitro* of *Nicotiana tabacum* tissues. *Plant Sci.*, 53, 73-79.

Ammirato P. V. & Styer D. J. (1985). Strategies for large-scale manipulation of somatic embryos in suspension culture − Biotechnology in Plant Science : Relevance to agriculture in the Eighties. M. Zaitlin, P. Day et A. Hollaender (Eds), *Academic Press*, New York, p. 161-178.

Ammirato P. V. (1978). Somatic embryogenesis and plantlet development in suspension culture of the medicinal yam, *Dioscorea fluribunda. Am. J. Bot.*, 65 : 89 p.

Ammirato P. V. (1977). Hormonal control of somatic embryo development from cultured cells of caraway. *Plant Physiol.*, 59 : 579-586.

Ammirato P. V. (1983). Embryogenesis. *In* : Handbook of Plant Cell Culture, Vol. I.D.A. Evans., W.R. Sharp, P.V. Ammirato, Y. Yamada (eds), Macmillan Press, New-York, p. 82-123.

Asmussen C. B., Dransfield J., Deickmann V., Barfod A. S., Pintaud J.-C. & Baker W. J. (2006). A new subfamily classification of the palm family (Arecaceae): evidence from plastid DNA phylogeny. *Botanical Journal of the Linnean Society*, 151 : 15–38.

Attree S. M. & Fowke L. C. (1993). Embryogeny of gymnosperms : advances in synthetic seed technology of conifers. *Plant Cell Tissue and Organ Culture*, 35 : 1-35.

Attree S. M., Pomeroy M. K. & Fowke L. C. (1992). Manipulation of conditions for the culture of somatic embryos of white spruce for improved triacylglycerol biosynthesis and desiccation tolerance. *Planta*, 187 : 395-404.

-*B*-

Bailly C., Audigier C., Ladonne F., Wagner M. H., Coste F., Corbineau F. & Côme D. (2001). Changes in oligosaccharides content and antioxydant enzyme activities in developping bean seeds as related to acquisition drying tolerance and seed quality. *J. Exp. Bot.*, 52 : 701-708.

Baker J., Steele C. & Dure L. III (1988). Sequence and characterization of 6 LEA proteins and their genes from cotton. *Plant Mol. Biol.*, 11 : 277-291.

Barbier-Brygoo H, Ephritikhine G, Klambt D, Ghislain M, Guern J. 1989. Functional Evidence for an Auxin Receptor at the Plasmalemma of Tobacco Mesophyll Protoplasts. *Proceedings of the National Academy of Sciences*, 86 (3) : 891-895.

Barwale U. B. et Widholm J. M. (1987). Somaclonal variation in plants regenerated from cultures of soybean. *Plant Cell Reports*, 6: 365-368.

Bayliss M. W. (1980). Int. Rev. Cytol. 11A: 113-114.

Beauchesne G. (1983). Vegetative propagation of date palm (*Phœnix dactylifera* L.) by *in vitro* culture, Proc. First Symposium on the Date palm King Faysal University, Al-Hassa, Saudi Arabia, 23-25 March, 698-699.

Becker C., Shutov A. D., Nong V. H. & Müntz K. (1995). Purification, cDNA cloning and characterization of proteinase B, an asparagines specific endopeptidase from vetch (*Vicia sativa* L.) seeds. *European J. of Biochemistry*, 248 : 304-312.

Belanger F. C. & Kriz A. L. (1991). Molecular basis of allelic polymorphism of the maize globulin-1 gene. *Genetics*, 129 : 863-872.

Références bibliographiques

Bennett M. D. et Smith J. B. (1991). Nuclear DNA amounts in Angiosperms. *Phil. Trans. Roy. Soc. Lond.* B334 : 309-345.

Besse I., Verdeil J. L., Duval Y., Sotta B., Maldiney R. et Miginiac E. (1992). Oil palm (*Elaeis guineensis* Jacq.) Clonal fidelity: endogenous cytokinins and indolacetic acid in embryogenic callus cultures. *J. of Exp. Bot.*, 43: 983-939.

Bewlew J. D. & Black M. (1994). Seeds. Physiology of Development and Germination, 2nd ed. Plenum Press, New York, pp 126-128 and 137.

Billotte N., Marseillac M., Brottier C., Noyer J.L., Jacquemoud-Collet J.P., Moreau C., Couvreur T., Chevallier M.H., Pintaud J.C., and Risterucci A.M., (2004). Nuclear microsatellite markers for the date palm (*Phoenix dactylifera* L.) characterization and utility across the genus *Phoenix* and in other palm genera. *Molecular Ecology Notes* 4 : 256-258.

Black M., Corbineau F., Grzensik M. Guy P. & Côme D. (1996). Carbohydrate metabolism in the developing and maturing wheat embryo in relation to its desiccation tolerance. *J. Exp. Bot*, 47 : 161-169.

Blervacq A. S., Dubois T, Dubois J. et Vasseur J. (1995) First divisions of somatic embryogenic cells in Chichorium hybrid « 474 ». *Protoplasma* 186 : 163-168.

Bogunic F., Muratovic E., Ballian D., Siljak-Yakovlev S. & Brown S. (2007). Genome size stability among five subspecies of *Pinus nigra* Arnold s.l. *Environmental and Experimental Botany*, 59 : 354–360.

Bögre L., Stefanov I., Abraham M., Somogyi I. & Dudits D. (1990). Difference in responses to 2,4-dichlorophenoxyacetic acid (2,4-D) treatment between embryogenic and non-embryogenic lines of alfalfa. *In* : "Progress in Plant Cellular and Molecular Biology" (Eds. H. J. J. Niijkamp, L. H. W. Van des Plas and J. Van Aartrijk, Dordrecht : Kluver Acad. Publ. : 427-436.

Booij I. (1992). Recherche de marqueurs biochimiques en vue de la caractérisation variétale chez le palmier dattier (*Phoenix dactylifera* L.) et étude de la stabilité de ces marqueurs pendant et après la culture *in vitro*. Thèse de doctorat de l'Université de Montpellier II, 169 p.

Borgel A., Sané D., Y. Kpare, M. Diouf Et M. H. Chevallier (1998). Culture *in vitro* d'acacias sahéliens : aspects du microbouturage et de l'embryogenèse somatique. In : "L'Acacia au Sénégal" *Eds Colloques et Séminaires de l'Orstom*, pp. 257-272.

Borkird C., Choi J. H., Jin Z. H., Franz G., Hatzopoulos P., Chorneau R., Bonas U, Pelegri F. & Sung Z. R. (1988). Developmental regulation of embryonic genes in plants. Proc. Natl. Acad. Sci. USA. 85, p. 6339-6403.

Borman C. H. (1994). Maturation of somatic embryos. *In* : Synseeds. Applications of Synthetic Seeds to Crop Improvment. K. Redenbaugh (Ed.), CRC Press, London : 3-7.

Bouguedoura N. (1991). Connaissance de la morphogenèse du palmier dattier (*Phoenix dactylifera* L.). Etude *in situ* et *in vitro* du développement morphogénétique des appareils végétatif et reproducteur. Thèse de doctorat d'Etat de l'Université des Sciences et de la Technologie Houari Boumediene U.S.T.H.B. d'Alger, 201 p.

Boulay M. P., Gupta P. K., Krostrup P. and Durzan D. J. (1988). Development of somatic embryos from cell suspension of Norway spruce (*Picea abies* karst.). *Plant Cell Rep.*, 7 : 134-137.

Boutilier K. Offringa R., Sharma Vk., Kieft H., Ouellet T., Zhang L., Hattori J., Liu CM., Van Lammeren AA., Miki BL., Custers JB., Van Lookeren Campagne MM. (2002). Ectopic expression of *BABY BOOM* triggers a conversion from vegetative to embryonic growth. *The Plant Cell*, 14 : 1737-1749.

Brown O. C. W. (1988). Germplasm determination of *in vitro* somatic embryogenesis in alfalfa. *Hort. Sci.*, 23 : 526-531.

Brown P. T. H. (1991). The spectrum of molecular changes associated with somaclonal variation. *Newsletters IAPTC*, 66 : 14-25.

Buchanan B. B., Gruissem W., Jones R. L. (2000). Biochemistry and molecular biology of plants, Edition *American Society of plant Physiologist*, 1368 p.

Boxus P. (1989). La multiplication *in vitro*, une biotechnologie intéressante pour le développement. Ses perspectives industrielles. *Annales de Gembloux*, 95 : 163-181.

Branton RL, Blake J. (1984). Clonal Propagation of coconut Palm. *Proc.International Conference on Ccocoa and Coconuts* 1-9.

Branton R. L. et Blake J. (1984). Clonal propagation of coconut palm. Proc. Int. *Conf. Cocoa and Coconuts*, paper 46 : 1-9.

Bray E. (1993). Molecular responses to water deficit. *Plant Physiol.*, 103 : 1035-1040.

Brenac P., Horbowicz M., Downer S. M., Dikerman A. M., Smith M. E. & Oberdorf R. L. (1997). Raffinose accumulation related to desiccation tolerance during maize (*Zea mays*) seeds development and maturation. *Plant Physiology*, 150 : 481-488.

Brettel R. I. S., Dennis E. S., Scowcroft W. R. & Peacock W. J. (1986). Molecular analysis of somaclonal mutant of maize alcohol dehydrogenase, *Mol. Gen. Genet.*, 202 : 235-239.

Buffard-Morel J, Verdeil J.-L. & Pannetier C. (1992). Embryogenèse somatique du cocotier (*Cocos nucifera* L.) à partir d'explants foliaires : étude histologique. *Canadian Journal of Botany* 70: 735-741.

Busk P.K. & Pages M. (1998) Regulation of abscisic acid-induced transcription, *Plant Mol. Biol.*, 37 : 425-35.

-C-

Campbell S.A. & Close T.J. (1997). Dehydrins: genes, proteins, and associations with phenotypic traits, *New Phytol.* 137 61-74.

Carman J.G. (1990). Embryogenic cells in plant tissue cultures: occurrence and behavior. *In Vitro Cell. Dev. Biol.*, 26: 746-753.

Casson S., Spencer M., Walker K., Lindsey K. (2005). Laser captures microdissection for the analysis of gene expression during embryogenesis of *Arabidopsis thaliana. Plant J.*, 42 : 111-23.

Castillo B. & Smith M. A. L. (1997). Direct somatic embryogenesis from *Begonia gracilis* explants. *Plant Cell Rep.*, 16 : 385-388.

Chabane D., Bouguedoura N. & Haicour. R. (2006). Etablissement de suspensions cellulaires et de protoplastes de deux cultivars de palmier dattier (*Phoenix dactylifera* L.) var. Deglet nur et var. Takerbucht en vue d'une hybridation somatique. In : « Quelles Biotechnologies pour une Agriculture Durable ? ». *Eds Colloques et Séminaires de l'AUF* (Khelifi D. ed), pp. 23-24.

Chandra Sekhar K. N. & DeMason D. A. (1988a). A comparison of endosperm and embryo proteins of the palm *Washingtonia filifera*. *American J. of Bot.*, 75 : 338-342.

Chandra Sekhar K. N. & DeMason D. A. (1988b). Quantitative ultrastructure and protein composition of date palm (*Phœnix dactylifera* L.) seeds : a comparative study of endosperm vs. Embryo. *American J. of Bot.*, 75 (3) : 323-329.

Chaudhury Am., Koltonow A., Payne T., Luo M., Tucker MR., Denis ES. and Peacock WJ.(2001). Control of early seed development. *Annu. Rev. Cell Dev. Biol.* 17 : 677-699.

Choi J. H. & Sung Z. R. (1984). Two dimentional gel analysis of carrot somatic embryogenic proteins. *Plant Mol. Biol. Rep.*, 2 : 19-25.

Choi Y. E., Yang DC., Park JC., Soh WY et Choi KT. (1998). Regenerative ability of somatic single and multiple embryos from cotyledons of Korean ginseng on hormone-free medium. *Plant Cell Rep.* 17 : 544-5551.

Cleuzio S. & Constantini L. (1982). A l'origine des oasis. *La recherche*, 13 (137) : 1180-1182.

Close T.J., Kortt A.A., Chandler P.M. (1989). A cDNA-based comparison of dehydration-induced proteins (dehydrins) in barley and corn. *Plant Mol. Biol.* 13 : 95-108.

Close TJ. (1996). Dehydrins : emergence of a biochemical role for a family of plant dehydration proteins, *Physiol. Plant.* 97 : 795-803.

Corbineau F., Picard M. A., Fougereux J. A., Ladonne F. & Côme D. (2000). Effects of dehydration conditions on desiccation tolerance of developing pea seeds as related to oligosaccharide content and cell membrane properties. *Seed Science Research* 10.

Cohen Y., Korchinsky R. & Tripler E. (2004). Flower abnormalities cause abnormal fruit setting in tissue culture propagated date palm (*Phoenix dactylifera* L.) *Journal of Hort. Sci. & Biotch.*, 79 (6) : 1007-1013.

Corley R. H. V., Lee C. H., Law I. H. & Wong C. Y. (1986). Abnormal flower development in oil palm clones. *Planter*, 62, 233-240.

Corre F. (1995). Etude comparée de l'expression des gènes LEA dans les embryons zygotiques et somatiques de blé tendre (*Triticum aestivum* L.) Thèse de doctorat, Université Paris XI, 137 p.

Cram W. J. (1984). Mannitol transport and suitability as an osmoticum in root cells. *Physiologia Plantarum*, 61 : 396-404.

Crouch ML. (1982). Non-zygotic embryos of *Brassica napus* L. contain embryo-specific storage proteins. *Planta*, 156: 520-524.

Cubbin W. D. & Kay C. M. (1985). Hydrodynamic and optical properties of wheat germ Em protein. *J. Bioch. Cell. Biol.*, 63 : 803-811.

Cuming A. C. (1999). LEA proteins. *In* : Seed Proteins, Shewry P. R. and Casey R. (eds), Kluwer Academic Publishers, 753-780.

Cuming A.C., Lane B.G. (1979). Protein synthesis in imbibing wheat embryos, *Eur. J. Biochem.*, 99 : 217-24.

-D-

Daguin F, Letouze R. 1988. Regeneration of date palm (*Phoenix dactylifera*) by somatic embryogenesis: improved efficiency by shaking in liquid medium. *Fruits* 43: 191-194.

Den Boer B. G. & Murray J. A. (2000). Triggering the cell cycle in plants. *Trends Cell Biol.*, 10 : 245-250.

De Jong A. J., Cordewener J., LoSchiavo F., Terzi M., Vanderkerckhove, Van Kammen A. & De Vries S. C. (1992). A carrot somatic embryo mutant is rescued by chitinase. *The Plant Cell.*, 4 : 425-433.

De Jong A. J., Schmidt E. D & De Vries SC. (1993). Early events in higher-plant embryogenesis. *Plant Mol. Biol.*, 22,367-77

Dean Rider S. Jr, Henderson JT., Jerome RE., Edenberg H. J., Romero-Severson J., Ogas J. (2004). Coordinate repression of regulators of embryonic by *PICKLE* during germination in *Arabidopsisthaliana*. *Plant J.* 35 : 33-43.

Despres B., Delseny M., Devi M. (2001). Partial complementation of embryo defective mutations : a general strategy to elucidate gene function. *Plant J.*, 27,149-59.

Devic M., Albert S., Delseny M. (1996). Induction and expression of seed-specific promoters in *Arabidopsis* embryo-defective mutants. *Plant J.* 9,205-15.

De Mason D. A.(1980). Localisation of cell division activity in the primary thickening meristem in *Allium cepa* L. *Amer J. Bot.*, 70 : 393-399.

Dodeman V. L., Ducreux G. et Kreis M. (1997). Zygotic embryogenesis versus somatic embryogenesis. *Journal of Experimental Botany* 48: 1493-1509.

Dresselhaus T., Hagel C., Lorz H., Kranz E. (1996). Isolation of a full-length cDNA encoding calreticulin from a PCR library of *in vitro* zygotes of maize. *Plant Mol Biol.* 3 : 23-34.

Dronne S., Label P. & Lelu M. A. (1997). Desiccation decreases absicisic content in hybrid larch (*Larix* x *Leptoeuropaea*) somatic embryos. *Physiol. Plantarum*, 99 : 433-438.

Dubois T., Guedira M., Diop A. et Vasseur J. (1992). SEM characterization of an extracellular matrix around somatic proembyos in roots of *Cichorium*. *Annals of Botany* 70: 119-124.

Dudits D., Bögre L., Györgrey J. (1991). Molecular an cellular approaches to the analysis of plant embryo development from somatic cells *in Vitis*. J. Cell Sci. 99 : 475-484.

De Touchet B., Duval Y. & Pannetier C. (1991). Plant regeneration from embryogenic suspensions cultures of oil palm (*Elaeis guineensis* Jacq.). *Plant Cell Reports* 10: 529-532.

De Vries S. C., Booij H., Janssens R., Vogels R., Saris L., Loshiavo F., Terzi M. & Van Kammen A. (1988). Carrot somatic embryogenesis depends on the phytohormone controlled presence of correctly glycosyled extracellular protein. *Genes and Development*, 2: 462-476.

Demarly Y. et Sibi M. (1989). Amélioration des plantes et Biotechnologie. Universités francophones de l'UREF. *John Libbey Eurotext Publisher*, 152p.

DeVries S.C., Booij H., Janssens R., Vogels R., Saris L. LosChiavo F. F., Terzi M. & Van Kammen A. (1988). Carrot somatic embryogenesis depends on the phytohormone controlled presence of correctly glucosylated extracellular proteins. *Genes & Development*, 2 : 462-476.

Dhed'A D, Dumortier F, Panis B, Vuylsteke D, Delanghe E. (1991). Plant regeneration in cell suspension cultures of the cooking banana cv. 'Bluggoe' (*Musa* spp. ABB group). *Fruits*, 46: 125-135.

Djerbi, M. (1976). Précis de phéniciculture. FAO.Tunisie. 191p.

Dolezel J. and Binarová P. (1989). The effects of colchicine on ploidy level, morphology and embryogenic capacity of alfalfa suspension cultures. *Plant Sci.*, 64 : 213-219.

Dolezel J., Greilhuber J., Lucrettis S., Meister A., Lysa! K. M. A., Nardis L. And Obermayer R. (1998). Plant Genome Size Estimation by Flow Cytometry: Inter-laboratory Comparison. *Annals of Botany* 82 (Supplement A) : 17-26.

Dong J. Z., Bock C. A. & Dunstan D. I. (1997). Influences of altered phytohormones use on endogenous BA and mRNA populations during white spruce (*Picea glauca*) somatic embryo culture. *Tree physiology*, 17 : 53-57.

Dong J. Z., Perras M. R., Abrams S. R., Dunstan, D. I. (1996). Induced gene expression following ABA uptake in embryogenic suspension cultures of *Picea glauca*. *Plant Physiol. And Biochem.*, 34 : 579-587.

Downie B. Gurusinghe S., Dahal P., Thacker R.R., Snyder J. C. Nonogaki H. Y. K., Fukanaga K., Alvarado V., Bradford K. J. (2003). Expression of a Galactinol Synthase gene in tomato seeds is upregulated prior to maturation desiccation and again following imbibition whenever radicle protrusion is prevented. *Plant Physiol.*, 131 : 1347-1359.

Dransfield J. & Uhl N. W. (1998). Palmae. In: Kubitzki K, ed. The families and genera of vascular plants, IV: Flowering plants, monocotyledons. *Berlin: Springer*, 306–389.

Drira N & Benbadis A. 1985. Vegetative multiplication of date palm (*Phoenix dactylifera* L.) by reversion of *in vitro* cultured female flower buds. *Journal of Plant Physiology*, 119 (3) : 227-235.

Drira N. (1983). Multiplication végétative du palmier dattier (*Phoenix dactylifera* L.) par culture *in vitro* de bourgeons axillaires et de feuilles qui en dérivent. *C. R. Acad. Sci.* Paris, Ser. III, 296 : 1077-1082.

Drira N. (1985). Multiplication végétative du palmier dattier (*Phœnix dactylifera* L.) par les néoformation induites en culture *in vitro* sur des organes végétatifs et floraux prélevés sur la phase adulte. Thèse de doctorat d'Etat. Faculté des Sciences de Tunis, 121 p.

Dublin P., Enjalric F., Lardet L., Carron M. P., Trolinder N. & Pannetier C. (1991). Estate crops- In: Micropropagation Technology and Application. P. C. Debergh and R.H. Zimmerman (Eds), *Kluver Academic Publisher Dordrecht*. p. 337-361.

Dumet D., Engelmann F., Chabrillange N. & Duval Y. (1994). Effect of varous sugars and polyols on the resistance of oil palm somatic embryos to partial desiccation and freezing in liquid nitrogen. *Seed Science Research*, 4 : 307-313.

Dunstan D. I., Buthune T. B. & Bock C. A. (1993). Somatic embryo maturation from longterm suspension cultures of white spruce (*Picea glauca*). *In Vitro Cellular Developemental Biology*, 29 : 109-112.

Dunstan D. I. & Dong J. Z. (2000). Molecular biology of somatic emberyogenesis in conifers. In : Molecular Biology of Woody Plants. Jain S. M. ans Minocha S. C. (Eds), *Kluwer Academic Publisher, Dordrecht*, 1 : 51-87.

Durand-Gasselin T., Leguen N., Konan K. & Duval Y. (1990) Oil palm (*Elaeis guineensis* Jacq.) plantations in Côte d'Ivoire obtained through *in vitro* culture. First results. *Oléagineux*, 45 : 1-11.

Dure III L., Crouch M., Harada J., Ho T.D., Mundy J., Quatrano R., Thomas T., Sung Z.R. (1989). Common amino acid sequence domains among the LEA proteins of higher plants, *Plant Mol. Biol.* 12 : 475-486.

-E-

Eeuwens C. J. (1978). Effect of organic nutrient and hormones on growth and development of tissue explants from coconut (*Cocos nucifera*) and dat palm (*Phoenix dactylifera*) palms cultured in vitro, *Physiol. Plant.*, 42 : 173-178.

Ellis R. H., Hong T. D. and Roberts E. H. (1991). Seed storage behaviour in *Elaeis guineensis*. *Seed Science Research*, 1 : 99-104.

Enderson J. T., Hui Chun L., Dean Rider S., Mordhorst A. P., Romero-Severson J., Cheng J. C., Robey J., Sung Z. R., De Vries S. C. & Ogas J. (2004). PICCLE acts throughout the plant to repress expression of embryonic traits and may play a role in gibberellin-dependent responses, *Plant Physiol.*, 134 : 995-1005.

Endrizzi K., Moussian B., Haecker A., Levin J. Z. & Laux T. (1996). *The SHOOT-MERISTEMLESS* gene is required for maintenance of undifferentiated cells in *Arabidopsis* shoot and floral meristems and acts at a different regulatory level than the meristem genes *WUSCHELL* and *ZWILLE*. *The Plant Journal*, 10 : 967-979.

Références bibliographiques

Enert H. A., Olsen A. N., Larsen S. & Lo Leggio L. (2004). Structure of the conserved domain of ANAC, a member of the NAC family of transcription factors, *EMBO Reports*, 5 (3) : 297-303

Espelund M., Saeboe-Larssen S., Hughes D.W., Galau G.A., Larsen F., Jakobsen K.S. (1992). Late embryogenesis-abundant genes encoding proteins with different numbers of hydrophilic repeats are regulated differentially by abscisic acid and osmotic stress, *Plant J.*, 2 : 241-52.

-F-

Féher A. Pasternak T., Miskolczi P.Ayaydin F. & Dudits D. (2001). Induction of the embryogenic pathway in solatic plant cells. Acta Hort., 560 : 293-298.

Féher A., Pasternak T. P. et Dudits D. (2003). Transition of somatic plant cells to an embryogenic state. Review of Plant Biotechnology and Applied Genetics. *Plant Cell, Tissue and Organ Culture*, 74 : 201-228.

Ferry M., Louvet J., Louvet J. M., Monfort S. & Toutain G. (1987). The specific character of the research into *in vitro* propagation and mass production of the date palm, *Acta Hort.*, 212 (II) : 576.

Ferry M.(1998). Le développement du palmier dattier en zone semi-aride du Sahel. *Le Flamboyant*, n°46 : 27-30.

Filonova LH., Bozhkov PV et Von Arnold S. (2000). Developmental pathway of somatic embryogenesis in *Picea abies* as revealed by time-lapse tracking. *J. Exp. Bot.* 51 : 249-264.

Finer J. J., Kriebel H. B., and Becwar M. R. (1989). Initiation of embryogenic callus and suspension culture eastern white pine (*Pinus strobus* L.). *Plant Cell Reports*, 8: 203-206.

Finkelstein R. R., Tenbarge K. M., Shumway J. E. & Crouch M. L. (1985). Role of ABA in maturation of rapeseed embryos. *Plant Physiology*, 81 : 630-636.

Finkelstein R. R., Tenbarge K. M., Shumway J. E. and Crouch M. L. (1985). Role of ABA in maturation of rapeseed embryos. *Plant Physiol.*, 78 : 630-636.

Fischer J., Becker C., Hillmer S., Horstmann C., Neubohl B., Schlereth A., Senyuk V., Shutov A. & Müntz K. (2000). The families of papain and legumin-like cysteine proteinases from embryogenic axes and cotyledons of *Vicia* seeds : developmental pattern, intracellular localization and functions in globulin proteolysis. *Plant Mol. Biology*, 43.

Fish N. & Karp A. (1986). Improvments in regeneration from protoplasts of potato and studies on chromosome stability. I. The effect of initial culture media. *Theor. Appl. Genet.*, 72, 405-412.

Fisher DB. (1968). protein staining of ribboned epon sections for light microscopy. *Histochemie*, 16 : 92-96.

Fki L., Masmoudi R., Drira N. & Rival A. (2003). An optimised protocol for plant regeneration from embryogenic suspension cultures of date palm, *Phoenix dactylifera* L., cv. Deglet Nour. *Plant Cell Reports* 21: (6) 517-524.

Fransz P. F. And Shel J. H. N. (1991). An ultrastructure study on the early development of *Zea mays* somatic embryos. *Can. J. Bot.*, **69**: 858-865.

Fransz P.F., Leunissen E. H. M. and Colijn-Hooymans C. M. (1993). 2,4-dichlorophenoxyacetic acid affects mode and fequency of regeneration from hypocotyl plotoplasts of *Brassica oleracea*. *Protoplasma*, 176: 125-132.

Furter T. S., Vaughan T. J., Sharp P. J. and Cuming A. C. (1990). Molecular cloning and chromosomal location of genes encoding the 'Early-methionine labelled' (Em) polypeptide of *Triticum aestivum* L. var Chinese Spring. *Theor. Appl. Genet.*, 80 : 43-48.

-G-

Gabr MF, Tisserat B. 1985. Propagating palms *in vitro* with special emphasis on the date palm (*Phoenix dactylifera* L.). *Scientia Horticulturae* 25: 255-262.

Gaj M. D. (2004). Factors influencing somatic embryogenesis induction and plant regeneration with particular reference to *Arabidopsis thaliana* (L.) Heynh. *Plant Growth Regulation*, 43 : 27-47.

Galan G. A. & Dure L. III (1981). Developmental biochemistry of cotton seed embryogenesis and germination : changing messenger ribonucleic acid populations as shown by reciprocal heterologous complementary deoxyribonucleic acid-messenger ribonucleic hybridization. *Biochemistry*, 20 : 4169-4178.

Galbraith D. W., Harkins K. R., Maddox J. M., Ayres N. M., Sharm. A. D. P. and Firoozabady E. (1983). Rapid flow cytometry analysis of the cell cycle in intact plant tissues. *Science*, 220 : 1049-1051.

Garg L., Bhandari N. N., Rani. V. and Bhojwani, S.S. (1996). Somatic embryogenesis and regeneration of triploid plants in endosperm culture of *Acacia nilotica*. *Plant Cell Reports*, 15: 855-858.

Gaubier P., Raynal M., Hull G., Huestis G. M., Grellet F., Arenas C., Pagès M. & Delseny M. (1993). Two different Em-like genes expressed in *Arabidopsis thaliana* seeds during maturation. *Mol. Gen. Genet.* 238 : 409-418.

Gawel NJ, Rao AP, Robacker CD. 1986. Somatic embryogenesis from leaf and petiole callus cultures of *Gossypium hirsutum* L. *Plant Cell Reports* 5: (6) 457-459.

Gee O.H., Probert R.J., Coomber S.A. (1994). Dehydrin-like proteins and desiccation tolerance in seeds. *Seed Sci. Res.* 4 : 135-141.

George E. F. and Sherrington P. D. (1984). *In* : plant propagation by tissue culture. Handbook and Directory of Commercial Laboratory Exegetics LTD. 73-87. ISBN 0-9509325-0-7.

Gepts P. (1998). PLB143 : Evolution of crop plants. The crop of the day : The date, *Phoenix dactylifera* L. *http://agronomy.ucdvis.edu/gepts.5p.*

Giraudat J., Hauge B. M., Valon C., Small I., Parcy F. & Goodman H. M. (1992). Isolation of the Arabidopsis ABI3 gene by positional cloning. *The Plant Cell*, 4 : 1251-1261.

Références bibliographiques

Goday A., Jensen A. B., Culianez-Macia F. A., Alba M. M. & Pagès M. (1994). The maze abscisic acid – responsive protein Rab17 is located in the nucleus and interacts with nuclear localization signals. *The Plant Cell*, 6 : 351-360.

Goldsworthy A. & Rathore KS. 1985. Electrical control of growth in plant tissue cultures: the polar transport of auxin. *Journal of Experimental Botany* **36**: (168) 1134-1141.

Goupil P., Hatzopoulos P., Franz G., Hempel F. D., You R. & Sung Z. R. (1992). Transcriptional regulation of seed-specific carrot gene, DC8. *Plant Mol. Biol.* 18 : 1049-1063.

Gray D. J., Conger B. V. & Hanning G. E. (1984). Somatic embryogenesis in suspension and suspension-derived callus cultures of *Dacylis glomerata*. *Protoplasma*, 122 : 196-202.

Guèye B., Sané D, Verdeil J.-L., Collin M., Duval Y., Ba A. T. & Borgel A. (2006). Initiation de la callogenèse chez le palmier dattier (*Phœnix dactylifera* L.) sous l'effet du 2,4-D : cinétique et étude histo-cytologique. *In* : « Quelles Biotechnologies pour une Agriculture Durable ? ». *Eds Colloques et Séminaires de l'AUF* (Khelifi D. ed), pp. 33-34.

Gupta P. K. & Durzan D. J. (1986). Plantlet regeneration via somatic embryogenesis from subcultured callus of mature embryos of *Picea abies* (norway spruce). *In Vitro Cell Dev. Biol.*, 22 : 685-688.

Gupta P. K. and Durzan D. J. (1986). Plantlet regeneration via somatic embryogenesis from subcultural callus of mature embryos of *Picea abies* (*Norway spruce*). *In Vitro Cell and Development Biology*, 22 (11); 685-688.

-H-

Haake V., Cook D., Reichmann J. L., Pineda O., Thomashow M. F. & Zang J. Z. (2002). Transcriptional factor CBF4 is a regulator of drought adaptation in *Arabidopsis thaliana*. *Plant Physiol.*, 123 : 639-648.

Haccius B, Philip VJ. (1979). Embryo development in *Cocos nucifera* L.: a critical contribution to a general understanding of palm embryogenesis. *Plant Systematics and Evolution,* 132: 91-106.

Haccius B. (1978). Question of unicellular origin of non zygotic embryos in callus cultures. *Phytomorphology*, 28: 75-81.

Hakman I. Fowke L. C. (1987). Somatic embryogenesis in *Picea glauca* (white spruce) and *Picea mariana* (black spruce). *Can. J. Bot.*, 65 : 656-659.

Halperin W. (1995). *In vitro* embryogenesis : some historical issues and unresolved problems. *In* : T. A. Thorpe (Eds.), *In Vitro* embryogenesis in plants, *Kluwer Academic Publisher* : 155-203.

Hein M. B., Brenner M. L. & Brun W. A. (1984). Concentrations of abscissic acid and indole-3-acetic acid in soybean seeds during development. *Plant Physiology*, 76 : 951-954.

Hennig L., Gruissem W., Grossniklaus U., Kolher C. (2004). Transcriptional programs of early reproductive stages in *Arabidopsis thaliana*. *Plant Physiol.* 135, 1765-75.

Hetch V., Vielle-Calzad JP., Hartog MV., Schmidt ED., Boutilier K., Grossniklaus U., de Vries SC. (2001). The *Arabidopsis thaliana SOMATIC EMBRYOGENESIS RECEPTOR KINASE* 1 gene is expressed in developing ovules and embryos and enhances embryogenic competence in culture. *Plant Physiol.*, 127,803-16.

Hetherington A. M. & Quattrano R. S. (1991). Mechanism of action of abscisic acid at the cellular level. *New Phytol.*, 119 : 9-32.

Hilgeman R. H. (1972). History of date culture and research in Arizona. *Date growers instate Report*, 49 : 11-14.

Ho W. J. & Vasil K. (1983) Somatic embryogenesis in sugarcane (*Saccharum officinarum* L.) : growth and plant regeneration from embryogenic cell suspension culture. *Ann. Bot.*, 51 : 719-726.

Hoerkstra F. A., Golovina E. A. & Buitink J. (2001). Mechanisms of plant dessication tolerance. *Trends in Plant Science*, 6 (9) : 431-438.

Hollung K, Espelund M, Schou K, Jakobsen KS. (1997). Developmental, stress and ABA modulation of mRNA levels for bZip transcription factors and Vp1 in barley embryos and embryo-derived suspension cultures. *Plant Mol Biol.* 35(5):561-71.

Hong-Bo S., Zong-Suo L., Ming-An S. (2005). LEA proteins in higher plants: structure, function, gene expression and regulation, Colloids Surf. B. *Biointerfaces*, 45 : 131-5.

Horbowicz M., Obendorf R. L. (1994). Seed desiccation tolerance and storability : dependence on flatulence-producing oligosaccharides and cyclitols-review and survey. *Seed Science Research*, 4, 385-405.

Huntley R., Healy S., Freeman D., Lavender P., de Jager S., Greenwood J., Makker J., Walker E., Jackman M., Xie Q., Bannister A. J., Kousarides T., Gutierrez C., Doonan Jh. & Murray J. A. (1998) The maize retinoblastoma protein homologue ZmRb-1 is regulated during leaf development and displays conserved interactions with G1/S regulators and plant cyclin D (cyc D) proteins. *Plant Mol. Biol.* 37 : 155-169.

Huong L. T. L., Baiocco M., Huy B. H., Mezzetti B., Santilocchi R. & Rosati P. (1999). Somatic embryogenesis in Canary Island date palm. *Plant Cell Tissue and Organ Culture*, 56 : 1-7.

-IJ-

Iida Y., Watabe K. I., Kamada H. & Harada H. (1992). Effects of abscisic acid on the induction of desiccation tolerance in carrot somatic embryos. *J. of Plant Physiology*, 140 : 356-360.

Jacobsen E. (1981). Polyploidisation in leaf callus tissue and in regenerated plants of dihaploid potato. *Plant Cell Tissue Organ Culture*, 1, 77-84.

Jahiel M. (1989). Intérêt et particularités du palmier dattier dans les zones en cours de désertification : exemple du sud-est du Niger. D.E.A. USTL., Montpellier.

Jaligot E., Rival A., Beule T., Dussert S., Verdeil J. L. (2000). Somaclonal variation in oil palm (*Elaeis guineensis* jacq) : The DNA methylation hypothesis. *Plant Cell Reports*, 19 : 684-90.

Jemenez V. M. & Bangerth F. (2001). Hormonal status of maize initial explants and in embryogenic and non-embryogenic callus cultures derived from them as related to morphogenesis in vitro. *Plant Sci.*, 160 : 247-257.

John A. (1986). Vitrification in *Sitka spruce* culture. *In* : Plant Cell Tissue Culture and its Agricul. Appl., L. A. Withers et P. G. Alderson (Eds). Butterworths, London, 167-174.

Jones L. H. & Hugues W. A. (1989). Oil palm (*Elaeis guineensis* Jacq.). Biotechnology in Agriculture and Forestry, vol 5, Trees, Y. P. S. Bajaj (Ed), Springer Verlag, Berlin, 176-202.

Jones T. J. and Prost T. L. (1989). The developmental anatomic and ultrastructure of somatic embryos from rice (*Oriza sativa* L.) scutellum epithelial cells. *Bot Gaz.*, 150: 41-49.

-K-

Kaci-Aïssa Benchaba G. (1988). Distribution et écologie du complexe d'espèces du genre *Phœnix*, D.E.s. U.S.T.H.B, Alger, 106 p.

Kamisugi Y., Cuming A.C. (2005). The evolution of the abscisic acid-response in land plants: comparative analysis of group 1 LEA gene expression in moss and cereals. *Plant Mol. Biol.* 59 : 723-37.

Kamo K. Jones B. Castillon J. Bolar J. & Smith F. (2004). Dispersal and size fractionation of embryogenic callus increases the frequency of embryo maturation and conversion in hybrid tea roses. *Plant Cell Reports*, 22: (11) 787-792.

Karp A., Risiott R., Jones M. G. K. & Bright S. W. J. (1984). Chromosome doubling in monohaploid and dihaploid potatoes by regeneration from cultured leaf explants. *Plant Cell Tissue Organ Culture*, 3: 363-373.

Kermode A. R. (1990). Regulatory mechanism involved in the transition from seed development to germination. CRC Crit. Rev. *Plant Sci.*, 81 : 280-288.

Kermode A. R. (1995). Regulatory mechanisms in the transition from seed development to germination : interactions between the embryo and the seed environment. *In* : Kigel J., Galili G., eds. Seed development and germination. New York : Marcel Dekker, 273-332.

Kermode A. R. (1997). Approaches to elucidate the basis of desiccation-tolerance in seeds. *Seed Science Research*, 7 : 75-95.

Kitamiya E., Suzuki S., Sano T. et Nagata T. (2000). Isolation of two genes that were induced upon the initiation of somati embryogenesis on carrot hypocotyls by high concentration of 2,4-D. Plant Cell Rep. 19 : 551-557.

Kiyosue T., Yamaguchi-Shinozaki K., Shinozaki K., Kamada H & Harada H. (1993). cDNA cloning of ECP40, an embryogenic-cell protein in carrot, and its expression during somatic and zygotic embryogenesis. *Plant Mol. Biol.*, 21 : 1053-1068.

Komamine A. (1988). Molecular mecanisms of somatic embryogenesis in cell cultures. The Second International Congress of Plant Molecular Bilogy. Jerusalem, Nov. 1988.

Koster K. L. & Leopold A. C. (1988). Sugars and desiccation tolerance in seeds. *Plant Physiology*, 88 : 829-832.

Krikorian A. D. & Kann R. P. (1981). Plantlet production from morphogenetically competent cell suspension of daylily. *Ann. Bot.*, 47 : 679-686.

Krikorian A. D. (1989). The context and strategies for tissue culture of date, african oil and coconut palms. *In:* Applications of biotechnology in Forestry and Horticulture, Vibha Dhawan (ed.), Plenum Press New-York, p. 119-144.

Krochko J.E. (1992). Storage protein synthesis in zygotic and somatic embryos of alfalfa. These Faculty of Graduate Studies, University Guelph, Australe, 290p.

Kurup S., Jones H.D. & Holdsworth M.J. (2000) Interactions of the developmental regulator ABI3 with proteins identified from developing *Arabidopsis thaliana* seeds. *Plant Journal* 21 143-155.

-L-

Larkin P. J. & Scowcroft W. R. (1981). Somaclonal variation- a novel source of variability from cell cultures for plant improvement. *Theor. Appl. Genet.*, **60:** 197-214.

Leduc N., Matthis-Rochon E., Rougier M., Mogensen L., Holm P., Magnard JL., Dumas C. (1996). Isolated maize zygotes mimic *in vivo* embryonic development and express microinjected genes when cultured *in vitro*. Dev. Biol. 177, 190-203.

Lelu, M. A. (1987). In: Annales de Recherches Sylvicoles Afocell., 35-47. Manandhan A; Gresshoff, P.M. (1980). *Cytobios* 29: 175-182.

Leopold A. C., Sun W. Q. & Bernard-Lugo I. (1994). The glassy state in seeds : analysis and function. *Seed Sciences Research*, 14 (2) : 83-109.

Litts J. C., Erdman M. B., Huang N., Karrer E. E., Noueiry A., Quatrano R. S. & Rodriguez R. L. (1992). Nucleotide sequence of rice (*Oryza sativa*) Em protein gene (Emp1). *Plant Mol. Biol.*, 19 : 335-337.

Litz, R. E, Knight R.K. and Gazit S. (1993). Somatic embryos from cultured ovules of polyembryonic *Mangifera indica* L., *Plant Cell Reports*, **1**, 264.

Loschiavo F., Pitto L., Giuliano G., Torti G., Nuti-Ronchi V., Marazziti D., Vergara R., Orselli S. & Terzi M. (1989). DNA methylation of embryogenic carrot cell cultures and its variations are caused by mutation, differentiation, hormones and hypomethylating drugs. *Theor. Appl. Genet.*, 77, 325-331.

Lotan T.Ohto M., Yee K. M., West M. A., Lo R., Kwong R. W., Yamagishi K., Fischer R. L., Goldberg R. B. & Harada J. J. (1998). *Arabidopsis LEAFY*

COTYLEDON is sufficient to induce embryo development in vegetative cells. *Cell*, 93 : 195-205.

Lowe K, Taylor D.B., Ryan P., Paterson K. E. (1985). Plant regeneration via organogenesis and embryogenesis in the maize inbred line B73. *Plant Science* 41: 125-132.

Lu C. Y. Vasil I. K. (1985). Histology of somatic embryogenesis in *Panicum maximum* (Guinea grass). *American Journal of Botany*, 72 : 1908-1913.

-M-

Maheswaran G. and Williams E. G. (1985). Direct embryoid formation on immature embryos of *Trifolium repens*, *T. pratense* and *Medicago sativa*, and rapid clonal propagation of *T. repens*. *Ann. Bot.* 54: 201-211.

Mc Carty D. R. (1995). Genetic control and integration of maturation and germination pathways in seed development. Annual Review of Plant Physiology. *Plant Molecular Biology*, 46 : 71-93.

Mc Kersie B.D. & Van Acker S.D.N. (1994). Artificial seeds: a comparison of desiccation tolerance in zygotic and somatic embryos. *In:* Biotechnological Application of Plant Culture. P.D. Shargool and T.T. Ngo (Eds), *CRC Press*, Boca Raton, Florida : 129-150.

Meins Jr. F. and Binns A. 1(977). Epigenetic variation of cultured somatic cells: evidence for gradual changes in the requirement for factors promoting cell division. *Proc. Natl. Acad. Sci.*USA, 74, 2928-2932.

Meins Jr. F. (1983). Heritable variation in plant cell culture. *Ann. Rev. Plant Physiol.*, 34 : 327-346.

Merkle S. A., Parrott W. A. & Flinn B. S. (1995). Morphogenic aspects of somatic embryogenesis. *In* : In vitro embryogeneis in plants. Thorpe T. A.(Ed), *Kluwer Academic Publisher, Dordrecht* : 155-203.

Michakzyk L., Cooke T. J. et Cohen JD. (1992a). Auxin levels at different stages of carrot somatic embryogenesis. Phytochemistry 31 : 1097-1103.

Michalczuk L., Ribnicky D. M., Cooke T. J. & Cohen J. D. (1992b). Regulation of indole-3-acetic acid biosynthetic pathways in carrot cell cultures. *Plant Physiol.*, 100 : 1346-1353.

Michaux-Ferriere N. & Schwendiman J. (1992). Histology of somatic embryogenesis. In: Reproductive Biology and Plant Breeding, Y. Datté, C. Dumas and A. Gallais (Eds), 247-259.

Mikula A., Tykarska T. and KuraS M. (2005). Ultrastructure of *Gentiana tibetica* proembryogenic Cells Before and after Cooling Treatments. *Cryoletters* 26 (6), 367-378.

Mo L. H., Von Arnold S. and Lagercrantz U. (1989). Morphogenic and genetic stability in long term embryogenic culture and somatic embryos of Norway spruce (*Picea abies* (L.) Karst.). *Plant Cell Reports*, 8: 375-378.

Moore H. E. Jr. (1973). The major groups of palms and their distribution. *Gentes Herb.*, 11 (2) : 27-141.

Moore G. A. & Collins G. B. (1983). New challenge confronting plant breeders. *In* : Isozymes in plant genetics and breeding, Part A, Tanksley & Orton (Eds), *Elsevier Science Publishers BV Amsterdam*, 25-58.

Morcillo F, Aberlenc-Bertossi F, Hamon S, Duval Y. (1998). Accumulation of storage protein and 7S globulins during zygotic and somatic embryo development in *Elaeis guineensis*. *Plant Physiology and Biochemistry* 36: (7) 509-514.

Morcillo F. F. (1998). Etude comparée de l'accumulation des protéines de réserve pendant l'embryogenèse zygotique et l'embryogenèse somatique du palmier à huile (*Elaeis guineensis* Jacq.). Thèse de doctorat de l'Université de Montpellier II, 144 p.

Morcillo F., Aberlenc-Bertossi F., Trouslot P., Hamon S. & Duval Y. (1997). Characterization of 2S and 7S storage proteins in embryos of oil palm. *Plant Science*, 122 : 141-151.

Morcillo F., Hartmann C., Duval Y. & Tregear J.W. (2001) Regulation of 7S globulin gene expression in zygotic and somatic embryos of oil palm. *Physiologia Plantarum* 112 (2) : 233-243.

Morcillo F., Jounnic S., Tranbarger T. J., Aberlenc-Bertossi F., Duval Y. and Tregear J. (2005). Transcriptional regulators of oil palm somatic embryogenesis. (Poster) X[th] France-Japan workshop on plant science Toulouse, France.

Mordhorst AP., Toonen MAJ, SC. (1998). Plant embryogenesis. Crit. Rev. Pl. Sci. 16 : 535-576.

Morel G, Wetmore RM. (1951). Fern callus tissue culture. *American Journal of Botany,* 38 : 141-143.

Morris D. A. (2000). Transmembranaire auxin carrier system-dynamic regulators of polar auxin transport. *Plant Growth Regulation* 32: 161-172.

Mouras A. & Lutz, A. (1980). Induction, répression et conservation des propriétés embryogénétiques des cultures de tissus de carotte sauvage. *Bull. Soc. Bot. Fr.*, 127, 93-98.

Munier P. (1973). Le palmier dattier.Techniques Agricoles et Productions Tropicales. Paris: Maisonneuve et Larose 1-222.

Müntz K. (1996). Proteases and proteolytic cleavage of storage proteins in developing and germinating dicotyledonous seeds. *J. Exp Bot.*, 47 : 605-622.

Müntz K. (1998). Deposition of storage proteins. *Plant Molecular Biology*, 38 : 77-99.

Murashige T, Skoog F. (1962). A revised medium for rapid growth and biassays with tobacco tissue cultures. *Physiologia Plantarum* 15 : 473-497.

Murashige T. (1974). Plant propagation through tissue cultures *Ann. Rev. Plant Physiol.*, 25 : 135-166.

-N-

Nanjo T., Kobayashi M., Yoshiba Y., Kakubari Y., Yamaguchi-Shinozaki. K and Shinozaki K. (1999a). Biological functions of proline in morphogenesis and osmotolerance revealed in antisense transgenic *Arabidopsis thaliana*. *Plant J.*, 18 : 185-193.

Nanjo T., Kobayashi M., Yoshiba Y., Kakubari Y., Yamaguchi-Shinozaki. K and Shinozaki K. (1999b). Antisense suppression of proline degradation improves tolerance to freezing and salinity in *Arabidopsis thaliana*. *FEBS Lett.*, 461 : 205-210.

Nitsch J.P. (1969). Experimental androgenesis in *Nicotiana*. *Phytomorphol.* 19 : 389-404.

Nitsch J. P. et Nitsch C. (1965). Néoformation de fleurs *in vitro* chez une espèce de jours courts: *Plumbago indica*. *Ann. Physiol. Vég.*, 7 : 251-256.

Nomura K. & Komamine A. (1985). Identification and isolation of single cell that produce somatic embryos at a high frequency in a carrot suspension culture. *Plant Physiol.*, 79 : 988-991.

Novak F J., Afza R., Van Duren M., Perea-Dallos M., Conger B. V. and Xiaolang T. (1989). Somatic embryogenesis and plant regeneration in suspension culture of dessert (AA and AAA) and cooking (ABB) bananas (*Musa spp.*). *Biotechnology*, 7 : 147-158.

Novak F.G., Daskalov S., Brunner H., Nesticky M., Afza R., Dolezelova M., Lucretti.S., Herichova A. & Hermelin T. (1988). Somatic embryogenesis in maize and comparison of genetic variability induced by gamma radiation and tissue culture techniques. *Plant Breeding*, 101 : 66-79.

-O-

Obendorf R. L. (1997). Oligosaccharides and galactosyls in seed desiccation tolerance. *Seed Science Research*, 7 : 63-74.

Ogas J., Cheng Jc., Sung ZR., Somerville C. (1997). Cellular differentiation regulated by gibberellin in the *Arabidopsis thaliana* pickle mutant. *Science*, 277 : 91-94.

Ogas J., Kaufmann S., Henderson J., Somerville C (1999). PICKLE is a *CHD3* chromatin-remodeling factor that regulates the transition from embryogenic to vegetative development in Arabidopsis. *Proc Natl Acad Sci USA*, 96 : 13839-13844.

Olsen A. N., Ernest H. A., Leggio L. L., Skriver K. (2005). *NAC* transcription factors : structurally distinct, functionally diverse, Review, Trends in Plant Sciences Vol. 10, No 2, february 2005, p. 79-87

Ould Bouna, Z. E. A. (2002). Contribution à l'étude biosystématique, ethnobotanique, biochimique, alimentaire et diététique de 11 cultivars de dattiers, *Phoenix dactylifera* (L.) de l'Adrar mauritanien. Thèse de doctorat de 3ème cycle de l'UCAD, 139 pages.

Ould Sidina C. (1999). Présentation des oasis mauritaniennes. *In* : Agroéconomie des oasis, Groupe de Recherche et d'Information pour le Développement de l'Agriculture d'Oasis (GRIDAO-CIRAD), M. Ferry, S. Bedrani, D. Greiner eds, pp. 49-51.

Ozawa K. & Komamine A. (1989). Establishment of a system of high-frequency embryogenesis from long-term cell suspension cultures of rice (*Oryza sativa* L.). Thoer. Appl. Genet., 77 : 205-211.

Ozenda P. (1958). Flore du Sahara septentrional et central. Paris, Centre National de Recherches Scientifiques, p. 92-93 et 129-131.

-P-

Paiva R. and Kriz A. L. (1994). Effect of abscisic acid on embryo-specific gene expression during normal and precocious germination in normal and viviparous maize (*Zea mays*) embryos. *Planta*, 192 : 332-339.

Pammenter N. W. & Berjak P. (1999). A review of recalcitrant seed physiology in relation to desiccation-tolerance. *Seed Science Research*, 9 : 13-37.

Panikulangara T. J., Eggers-Schumacher G., Wunderlich M., Stransky H. & Scöffl F. (2004). Galactinol synthase 1. A Novel Heat Shock Factor Target Gene Responsible for Heat-Induced Synthesis of Raffinose Family Oligosaccharides in *Arabidopsis*. *Plant Physiol.*, 136 : 3148-3158.

Pannetier C. & Buffard-Morel J. (1986). Coconut palm (*Cocos nucifera* L.). In : Biotechnology Agriculture and Forestry, 1. Trees I, Bajaj Y. P. S. (Ed) Spinger Verlag, Berlin, p. 430-450.

Paquier K. (2002). Embryogenese somatique du palmier dattier (*Phœnix dactylifera* L.) à partir de plants immatures issus de culture de tissu et cryoconservation des embryons. Thèse de doctorat de l'Université d'Angers, 150 p.

Parcy F., Valon C., Raynal M., Gaubier-Comella P., Delseny M. & Girandat J. (1994). Regulation of gene expression programs during *Arabidopsis thaliana* seed development : roles of the ABI3 locus and of endogenous abscissic acid. *The Plant Cell.*, 6 : 1567-1582.

Parcy F., Valon C., Kohara A., Misera S., Giraudat J. (1997). The *ABSSIC ACID-INSENSITIVE3*, *FUSCA3* and *LEAFTY COTYLEDON1* loci act in concert to control multiple aspects of *Arabidopsis* seed development. *Plant Cell.*, 9 : 1265-77.

Pasternak T., Miskolczi P., Ayaydin F., Mészaros T., Dudits D. et Fehér A. (2002) Exogenous auxin and cytokinin dependent activation of CDKs and ell division in leaf protoplast-derived cells of alfalfa. *Plant Growth Regul.*, 32 : 129-141.

Pennel R. I., Janniche L., Scofield G. N., Booij, H., De Vries S. C. & Roberts K. (1992). Identification of a transitional cell state in the developmental pathway to carrot somatic embryogenesis. *J. Cell. Biol.*, 119 : 1371-1380.

Pennycooke J. C., Jones M. L., Stussnhoff C. (2003). Down-regulating α-galactosidase enhances freezing tolerance in transgenic petunia. *Plant Physiol*, 133 : 901-909.

Peshke, V. M.; Phillps, R. L. & Gengenbach, B. G. (1991). Genetic Molecular Analysis Of Tissue Culture Derived Ac Elements. *Theor. Appl. Genet.*, 82 : 121-129.

Références bibliographiques

Peyron G. (2000). Cultiver le palmier dattier. Groupe de Recherche et d'Information pour le Développement de l'Agriculture d'Oasis (GRIDAO), 109 p.

Phillips R. L., Kaeppler S. M & Peshke V. M. (1991). Do we undestand somaclonal variation? In: Progress in Plant Cellular and Molecular Biology Nijkamp, H. J. J., Van Der Plas, L. H W. et Van Aartrijk, J. (eds.), Kluwer Academic, Amsterdam, 131-142.

Pless T., Bottger M., Hedden P. and Graebe J. (1984). Occurrence of 4-Cl-Indolacetic acid in broad beans and correlation of its levels with seed development. *Plant Physiol.*, 74 ; 320-323.

Poulain C., Rhiss A. & Beauchesne G. (1979). Multiplication végétative en culture *in vitro* du palmier dattier *(Phœnix dactylifera* L.), *C. R. Acad. Agric. Fr.*, 65 (13) : 1151-1154.

Puponen-Pimiä R., Saloheimo M., Vasara T., Ra R., Gaugecz J., Kurten U., Knowles J. K. C., Keränen S. & Kauppinen V. (1993). Characterization of birch *(Betula pendula* Rth.) embryogenic gene, BP8., *Plant Mol. Biol.*, 23 : 423-428.

-QR-

Quatrano R. S. (1987). The role of hormones during seed development. *In* : "Plant hormones and their role in plant growth and development". (Eds. Davies P. J., Martinus Nijhoff Publishers : 495-514).

Rabéchault H., Martin J.P. (1976). Multiplication végétative du palmier à huile *(Elaeis guineensis* Jacq.) à l'aide de culture de tissus foliaires. *C.R. Acad. Sc. Paris, Série D*, 283 : 1735-1737.

Raghavan V. (2004). Role of 2,4-dichlororophenoxyacetic acid (2,4-D) in somatic embryogenesis on cultured zygotic embryos of *Arabidopsis thaliana*: cell expension, cell cycling and morphogenesis during continuous exposure of embryos to 2,4-D. *American Journal of Botany*, 91 (11) : 1743-1756.

Raynal M., Depegny D., Cooke R. & Delseny M. (1989). Characterization of a radish nuclear gene expressed during late seed maturation. *Plant Physiology*, 91 : 829-836.

Reinbothe C., Tewes A. and Reinbothe S. A. (1992). Altered gene expression during somatic embryogenesis in *Nicotiana plumbaginifolia* and *Digitalis lanata* analyzed by *in vivo* and *in vitro* protein synthesis. *The Plant Journal*, 2 : 917-926.

Reinert J. (1958). Morphogenese und ihre kontrolle an Gewe bekulturen aus carotten, *Naturwissenschaft*, 45: 34-345.

Ribnicky D. M., Ili N., Cohen J. D. et Cook T. J. (1996). The effects of exogenous auxins on endogenous indole-3-acetic acid metabolism. *Plant Physiol.* 112: 549-558.

Reuveni O. (1979). Embryogenesis and plantlets growth of date palm *(Phoenix dactylifera* L.) derived from callus tissue. *Plant Physiology* 63: (138).

Reynolds J. F. & Murashige T. (1979). Asexual Embryogenesis in Callus cultures of Palms. *In Vitro* 15: (5) 383-387.

Reynolds T. L. (1986). Somatic embryogenesis and organogenesis from callus of *Solanum carolinense. Amer. J. Bot.* 73: 914-918.

Reynolds T. L. (1984). Callus formation and organogenesis in anther culture of *Solanum carolinense* L. J. Plant Physiol., 117: 157-161.

Rhiss A, Poulain C & Beauchesne G. (1979). *In vitro* culture for the vegetative propagation of date palms *Phoenix dactylifera* L. *Fruits*, 34 : 551-554.

Rhode A., Prinsen E., De Rycke R., Engler G., Van Montagu M., & Boerjan W. (2002) PtABI3 impiges on the growth and differentiation of embryonic leaves during bud set in poplar. *The Plant Cell*. 14: 1885-1901.

Rhode A., Van Montagu M., & Boerjan W. (1999) The *ABSCISIC ACID-INSENSITIVE 3 (ABI3)* gene is expressed during vegetative quiescence processes in *Arabidopsis*. *Plant Cell Environment*, 22 : 261-270.

Ried J. L. and Walker-Simmons M. K. (1993). Group 3 late embryogenesis abundant proteins in desiccation-tolerant seedling of wheat (*Triticum aestivum*). *Plant Physiol.*, 102 : 125-131.

Robertson M. and Chandler P. M. (1992). Pea dehydrins : identification and expression. *Plant Mol. Biol.*, 19 : 1031-1044.

Rodriguez E.M., Svensson J.T., Malatrasi M., Choi D.W., Close T.J. (2005). Barley Dhn13 encodes a KS-type dehydrin with constitutive and stress responsive expression, *Theor. Appl. Genet.* 110 : 852-8.

-S-

Sané D. (1998). Étude des facteurs physiologiques et cytogénétiques de l'embryogenèse somatique chez *Acacia nilotica* (L.) [willd. ex] Del. ssp. *tomentosa* Brenan, *Acacia nilotica* (L.) [willd. ex] Del. ssp. *adstringens* Brenan et *Acacia tortilis* (Forsk.) Hayne spp. *raddiana* (Savi.) Brenan. Thèse de Doctorat de 3ème cycle de Biologie Végétale, Université Cheikh Anta DIOP de Dakar, Sénégal, 150 p.

Sané D, Borgel A, Verdeil J.-L. & Gassama Y. K. (2000). Plantlet regeneration via somatic embryogenesis in immature zygotic embryo callus from a tree species adapted to arid lands: *Acacia tortilis* subsp. *raddiana* (Savi.) Brenan. *Acta Botanica Gallica* 147 (3) : 257-266.

Sané D., Borgel A., Chevallier M.H. & Gassama-Dia Y. K. (2001). Transient auxin treatment for *in vitro* rooting of microcuttings of *Acacia tortilis* subsp. *raddiana*. *Ann. For. Sci*, 58 : 431-437.

Sané D., Aberlenc-Bertossi F., Gassama-Dia Y. K., Sagna M., Duval Y. & Borgel A. (2004). Obtention de clones acclimatés par embryogenèse somatique à partir de suspensions cellulaires de palmier dattier (*Phœnix dactylifera* L.). In : « Biotechnologies Végétales, Biodiversité et Biosécurité : Défis et Enjeux ». *Eds Colloques et Séminaires de l'AUF* (Goumedzoé Y. M. D. ed), pp. 70-74.

Sané D., Ould Kneyta M., Diouf D., Diouf D., Badiane F. A., Sagna M. and Borgel A. (2005). Growth and development of date palm (*Phœnix dactylifera* L.) seedlings under drought and salinity stresses. *African Journal of Biotechnology,* Vol. 4 (9) : 968-972.

Références bibliographiques

Sané D., Aberlenc-Bertossi F., Gassama-Dia Y. K., Sagna M., Duval Y. & Borgel A. (2006). Histocytological analysis of callogenesis and somatic embryogenesis from cell suspensions of date palm (*Phoenix dactylifera* L.). *Annals of Botany*, 98: 301-308.

Schiavone F. M. and Cooke T. J. (1987). Unusual patterns of somatic embryogenesis in domesticated carrot : developmental effect of exogenous auxins and auxin transport inhibitors. *Cell. Differ.*, 21 : 53-62.

Schlereth A., Becker C., Horstmann J., Tiedemann J. & Müntz K. (2000). Comparison of globulin mobilisation and cysteine proteinases in embryonic axes and cotyledons during germination and seedling growth of vetch (*Vicia sativa* L.). *J. Exp. Bot.*, 51 : 349 : 1423-1433.

Schulze-Lefert P., Dangl J. L., Beker-Andre M., Hahlbrock K & Schlz W. (1989). Inducible in vivo DNA footprints define sequences necessary for UV light activativation of the parsley chalcone synthase gene. *EMBO J.*, 8 : 651-656.

Schwendiman J, Pannetier C, Michaux-Ferriere N. (1988). Histology of somatic embryogenesis from leaf explants of the oil palm *Elaeis guineensis*. *Annals of Botany*, 62: 43-52.

Schwendiman J, Pannetier C, Michaux-Ferriere N. (1990). Histology of embryogenic formations during *in vitro* culture of oil palm *Elaeis guineensis* Jacq. *Oléagineux*, 45 (10) : 409-418.

Senger S., Mock HP., Conrad U. et Manteuffel R0 (2001). Immuno-modulation of ABA function affects early events in somatic embryo development. *Plant Cell Rep.*, 20 : 112-120.

Shinozaki K & Yamaguchi-Shinozaki K. (1997) Gene expression and signal transduction in water-stress response. *Plant Physiology*, 115 : 327-334.

Shinozaki K., Shinozaki (2002). Important roles of drought and cold inductible genes for galactinol synthetase in stress tolerance in *Arabidopsis thaliana*, *The Plant Journal*, 29 (4), 417-426.

Shiota H., Satoh R., Watabe K. Harada H. & Kamada H. (1998). *C-ABI3*, the carrot homologue of the *Arabidopsis ABI3*, is expressed during both zygotic and somatic embryogenesis and functions in the regulation of embryo-specific ABA-inducible genes. *Plant Cell Physiology.* 39 (11) : 1184-1193.

Shutov A. D. & Vaintraub I. A. (1987). Degradation of storage proteins in germinating seeds. *Phytochemistry*, 26 : 1557-1566.

Skriver K. & Mundy J. (1990). Gene expression in response to abscisic acid and osmotic stress. *The Plant Cell*, 2 : 503-512.

Sprenger N. & Keller F. (2000). Allocation of raffinose family oligosaccharides to transport and storage pools in *Ajuga reptans* : the roles of two distinc galactinol synthase. *Plant J.*, 21 : 249-258.

Steck P. et Petiard V. (1985). Applications inductrielles des cultures végétales : la production de metabolites secondaires. In : Aspects industriels des cultures cellulaires d'origine animale et végétale. Actes du $10^{\text{ème}}$ Colloque de la Section de Microbiologie Industrielle et Biotechnologie de la S. F. M., 275-303.

Sterk P., Booij H., Shellekens G. A., Van Kammen A. & De Vries S. (1991). Cell – specific expression of the carrot EP2 lipid transfer protein gene. *The Plant Cell*, 3 : 907-921.

Steward F. C. & Mapes M. O. (1971). Morphogenesis and plant propagation in aseptic cultures of asparagus. *Bot. Gaz.*, 132 : 70-79.

Steward F. C., Hapes M. O. & Hears K. (1958). Groth and organized development of cultured cells. II. Organization in cultures grown from freely suspended cells. *Am. J. of Bot.*, 45 : 705-708.

Still D.W., Kovach D.A., Bradford K.J. (1994). Development of Desiccation Tolerance during Embryogenesis in Rice (*Oryza sativa*) and Wild Rice (*Zizania palustris*) (Dehydrin Expression, Abscisic Acid Content, and Sucrose Accumulation), *Plant Physiol.* 104 : 431-438.

Stone SL., Kwong L. W., Yee KM., Pelletier J., Fischer R. L., Goldberg R. B., Harada J. J. (2001). LEAFY COTYLEDON2 enodes a B3 domain transcription factor that induces embryo development. Porc. Natl Acad Sci USA 98, 11806-11.

-T-

Taji T., Ohsumi C., Luchi S., Seki M., Kasuga M., Kobayashi M., yamaguchi-Shinozaki K., Shinozaki K. (2002). Important roles of drought and cold-inductible genes for galactinol synthase in stress tolerance in *Arabidopsis thaliana. Plant J.*, 29 : 417-426.

Teixeira J.B., Sondahl M.R., Nakamura T. & Kirby E.G. (1995). Establishment of oil palm cell suspensions and plant regeneration. *Plant Cell, Tissue and Organ Culture*, 40 : 105-111.

Tetteroo F. A. A., Bomal C., Hoekstra F. A. & Karssen C. M. (1994). Effect of abscisic acid and slow drying on soluble carbohydrate content in developing embryoids of carrot (*Daucus carota* L.) and alfalfa (*Medicago sativa* L.). *Seed Science Research*, 4 : 203-210.

Tetteroo F.A.A., Hoekstra F.A. & Karssen C.M. (1995) - Induction of complete desiccation tolerance in carrot (*Daucus carota*) embryoids. *Journal of Plant Physiology*, 145: 349-356.

Thomas C., Bronner R., Molinier J., Prinsen E., Van Onckelen H. et Hahne G. (2002) Immuno-cytochemical localization of indole-3-acetic acid during induction of somatic embryogenesis in culture sunflower embryos. *Planta* 215 : 577-583.

Thomas V. & Rao P. S. (1985). In vitro propagation of Oil palm (*Elaeis guineensis* Jacq. *var tenera*) through somatic embryogenesis in leaf –derived callus. *Current Sci.*, 54 : 184-185.

Thorpe T. A. (1988). *In vitro* somatic embryogenesis. ISI Atlas Science 1 : 81-88.

Thorpe A. T. (1995).*In vitro* embryogenesis in plants. Current Plant Science and Biotechnology in Agriculture. Volume 20, 1-558.

Tranbarger T. J., Morcillo F., Borgel A., Jouannic S., Duval Y. (2005). A genomic approach to study developmental regulation during oil palm somatic embryogenesis and epigenetic modifications associated with 2,4-D utilization. (poster) International Symposium on Auxins and Cytokinins in Plant Development, Prague.

Tisserat B, DeMason DA. 1980. A histological study of development of adventive embryos in organ culture of *Phoenix dactylifera* L. *Annals of Botany* 46 : 465-472.

Tisserat B. (1987). Palms. In Cell and Tissue Culture in Forestry. Chapitre 26. J. M. Bonja. Don J. Durzan (Eds), M. Nijhoff Dordrecht, 338-356.

Tisserat B. (1988). Palm Tissue Culture. U.S. Department of Agriculture, Agricultural Research Service ARS., 55-60.

Tisserat B. 1979. Propagation of date palm (*Phoenix dactylifera* L.) *in vitro*. *Journal of Experimental Botany*, 30 : 1275-1283.

Tisserat B. & De Mason, D.A. (1980). A histological study of development of adventive embryos in organ cultures of *Phoenix dactilifera* L. *Ann. Bot.*, 46 : 456-472.

Tisserat B., Essan E.B. & Murashige T. (1979). Somatic embryogenesis in Angiosperm. *Hort. Rev.*, 1: 1-77.

Tomes D. T. (1985). Cell culture, somatic embryogenesis and plant regeneration in maize, rice, sorghum and millets. *In*: Cereal Tissue and Cell Culture. S. M. J. Bright and M. G. K. Jones (Eds) 175-203. Martinus Nijhoff/Junk, Amsterdam.

Toutain G. & Rhiss A. (1973). Production du palmier dattier – II. Formation de rejets sur jeunes palmiers dattiers, Al-Awamia, 48 : 79-88.

Toutain G. (1966). Note sur la reprise végétative des rejets de palmier dattier, Al-Awamia, 20 : 125-130.

Tregear JW., Morcillo F., Richaud F., Berger A., Singh R., Cheah SC., Hartmann C., Rival A., Duval Y. (2002). *Journal of experimental Botany*, 53 : 1387-96.

-UV-

Ulrich T. U., Wurtele E. S. & Nikolau B. J. (1990). Sequence of EMB-1, mRNA accumulating specifically in embryos of carrot. Nucl. Ac. Res., 18 : 2826.

Uno Y., Takashi F., Hiroshi A., Richiro Y., Shinozaki K., Shinozaki KY. (2002). *Arabidopsis* basic leucine zipper transcription factors in an abscissic acid-dependent signal transduction pathway under drought and high-salinity conditions, *PNAS*, 97 (21) : 11632-11637.

Van Heijenoort, J. (2001) Formation of the glycan chains in the synthesis of bacterial peptidoglycan. *Glycobiology*, 11 : 25R-36R.

Varga A. & Bruisma J. (1976). Roles of seeds and auxins in tomato fruit growth. *Z. Pflanenphysiol.*, 80 : 95-104.

Varga A., Thomas L. H. & Bruinsma J. (1988). Effects of auxins and cytokinins on epegenetic instability of callus propagated *Kalanchoe blossfeldiana* Poelln. *Plant Cell Tissue Organ Culture*, 15: 223-231.

Vasil I. K. & Vasil V. (1991). Advances in plant regeneration and genetic transformation of cereals. Eucarpia symposium on genetic manipulation in plant breeding molecular biology / breeding interface. Rens / Salori (Tarragone), 26-30 Mai 1991.

Vasil I. K., Vasil V. & Redway F. (1990). Plant regeneration from embryogenic calli, cell suspension cultures and protoplasts of *Triticum aestivum* L. (Wheat). VII *International Congress of Plant Tissue and Cell Culture*, Amsterdam. Abstracts, 33-37.

Vasil V. & Vasil I. K. (1981). Somatic embryogenesis and plant regeneration from suspension cultures of peart millet (*Pennisetum americanum*). *Ann. of Bot.*, 47 : 669-678.

Vasil V. & Vasil I. K. (1986). Plant regeneration from friable embryogenic callus and cell suspensions of *Zea mays* L. *J. Plant Physiol.*, 127 : 399-408.

Verdeil, J. L. (1993). Etude de la régénération du cocotier (*Cocos nucifera* L.) par embryogenèse somatique à partir d'explants inflorescentiels. Thèse de Doctorat de l'Université Pierre et Marie CURIE (Paris VI), 150p.

Verdeil J-L, Hocher V, Huet C *et al*. (2001). Ultrastructural changes in coconut calli associated with the acquisition of embryogenic competence. *Annals of Botany* 88: 9-18.

Verdeil J.-L., Huet C., Grosdemange F., Buffard-Morel J. (1994). Plant regeneration from cultured immature inflorescences of coconut (*Cocos nucifera* L.) : evidence for somatic embryogenesis. *Plant Cell Reports* 13: 218-221.

Vieitez F. J., Ballester A. and Vieitez A. (1992). Somatic embryogenesis and plantlet regeneration from cell suspension culture of *Fagus silvatica* L., *Plant Cell Reports*, 11: 609-613.

Vivekanda J., Drew M. C. and Thomas T. L. (1992). Hormonal and environemental regulation of the carrot LEA-class gene Dc3. Plant Physiol., 100 : 576-581.

Vogel G. (2005). How does a single somatic become a whole plant? *Science*, 309 : 86.

-W-

Wang H., Qi Q., Schorr P., Cutler A. J., Crosby WL. Et Fowke LC. (1998). ICK1, a cyclin-dependent protein kinase inhibitor from *Arabidopsis thaliana* interacts with both Cdc2a and cycD3, and its expression is induced by abscisic acid. *Plant J.* 15 : 501-510.

Werth E. (1933). Zur kultur der dattel Palme und die Frageihrer. Herkunft. Ber. Deutsch. Bot. Ger., 51, Hfkt, 10.

Wilde H. D., Nelson W. S., Booij H., De Vries S. C. & Thomas T. L. (1988). Gene expression programs in embryogenic and non-embryogenic carrot culture. *Planta*, 176 : 205-211.

Williams B. A. & Tsang A. (1991). A maize gene expressed during embryogenesis is abscisic inducible and highly conserved. *Plant Mol. Biol.*, 16 : 919-923.

Williams B. A. & Tsang A. (1994). Analysis of multiple classes of abscisic acid-responsive genes during embryogenesis in *Zea mays*. *Dev. Gen.*, 15 : 415-424.

Williams E. & Maheswaran G. (1986). Somatic embryogenesis: Factors influencing coordinated bihavior of cells as an embryogenis group. *Ann. Bot*, 57: 443-462.

Wise M. J. (2003). LEAping to conclusions: a computational reanalysis of late embryogenesis abundant proteins and their possible roles, *BMC Bioinformatics*, 4 : 52.

Wobus U. & Weber H. (1999). Sugars as signal molecules in plant seed development. *Biochem.*, 380 : 937-944.

Wurtele E. S., Wang H., Durgerian S., Nikolau B. J. & Ulrich T. H. (1993). Charaterization of gene that expressed early in somatic embryogenesis of *Daucus carota*. *Plant Physiol.*, 102 : 303-312.

-XY-

Xiao L. & Koster K. L. (2001). Desiccation tolerance of protoplasts isolated from pea embryos. *J. Exp. Bot.*, 364 : 2105-2114.

Xu D., Duan X. Wang B., Hong B., Ho T., Wu R. (1996). Expression of a Late Embryogenesis Abundant Protein Gene, HVA1, from Barley Confers Tolerance to Water Deficit and Salt Stress in Transgenic Rice. *Plant Physiol.*, 110 : 249-257.

Xu N. & Bewley J. D. (1991). Sensitivity to abscissic acid and osmoticum changes during embryogenesis of alfalfa embryos (*Medicago sativa*). *J. of Exp. Bot.*, 42 : 821-826.

Yamaguchi-Schinozaki K., Koizumi M., Urao S. and Shinozaki K. (1992). Molecular cloning and charaterization of 9 cDNAs for gene that are responsive to desiccation in *Arabidopsis thaliana* : sequence analysis of one cDNA clone that encodes a putative transmembrane channel protein. *Plant Cell Physiol.*, 33 : 217-224.

Yamaguchi-Shinozaki K., Kasuga M., Liu G., Sakuma Y., Abe H., Miura S., & Shinozaki K. (2000) Molecular mechanisms of freezing and drought tolerance in plants. *In* : Engelmann F. & Takagi H. (Eds) Cryopreservation of tropical plant germplasm. Current research progress and application. JIRCAS, Tsukuba, Japan / IPGRI, Rome, Italy : pp. 67-76.

Yatta D., Abed F., Saka H., Amara B., Djellel L., Yakhou M. S., Bouguedoura N. & Benneceur M. (2006). Régénération de quelques variétés de palmier dattier (*Phœnix dactylifera* L.) : Evaluation de la conformité des vitroplants par marqueurs RAPD et AFLP. In : Biotechnologies pour une Agriculture Durable ? ». *Eds Colloques et Séminaires de l'AUF* (Khelifi D. ed), pp. 25-26.

Yeung E.C. (1995). Structural and developmental patterns in somatic embryogenesis. *In: In Vitro* embryogenesis in plants. Thorpe T.A. (Ed), *Kluwer Academic Publisher, Dordrecht* : 205-247.

-Z-

Zegzouti R., Arnould M. F. et Favre J. M. (2001). Histological investigation of the multiplication step in secondary somatic embryogenesis of Quercus robur L. *Ann. For. Sci.*, 58 : 681-690.

Zhao J., Morozova N., Williams L., Libs L., Avivi Y. & Grafi G. (2001). Two phase of chromatin decondensation during dedifferentiation of plant cells : distinction between competence for cell fate switch and a commitment for S-phase. *Journal of Biol. Chem.* 276 : 22772-22778.

Zhao T. Y., Martin D., Meeley R. B. & Downie B. (2004). Expression of the maize Galactinol Synthse gene family : (II) Kernel abscission, environmental stress and myo-inositol influences accumulation of transcript in developing seeds and callus cells. *Physiologia Plantarum*, 121 : 647-655.

Zohary D. & Hopf N. (1988). Fruits trees and nuts in domestication of plants in the old word. Oxford Soc. *Clarendon Press Publications*, 146-149.

Zouine J, El Bellaj M, Meddich A, Verdeil J-L, El Hadrami I. (2005). Proliferation and germination of somatic embryos from embryogenic suspension cultures in *Phoenix dactylifera. Plant Cell, Tissue and Organ Culture* 82 : 83-92.

Zuo J., Niu Q. W., Frugis G., Chua NH. (2002). The Wuschel gene promotes vegetative-to-embryonic transition in *Arabidopsis. Plant J.* 30 : 349-59.

ANNEXES

ANNEXE 1

Composition des milieux de culture utilisés en mg/l

Macro-éléments	M.S.	M52
KNO3	1900	1200
NH4NO3	1650	1300
CaCL2.2H2O	440	360
MgSO4.7H2O	370	300
Ca(NO3)2.4H2O	-	-
KH2PO4	170	700
KCl	-	-
NaH2PO4.H2O	-	-
(NH4)2SO4	-	-

Micro-éléments		
KI	0,83	0,83
MnSO4.4H2O	22,3	18,9
ZnSO4.7H2O	8,6	10
H3BO3	6,2	10
Na2Mo4.2H2O	0,25	0,25
CuSO4.H2O	0,25	0,025
CoCl2.6H2O	0,25	0,025
AlCl3	-	-
NiCl2.6H2O	-	-

Mélange vitaminique	Nitsch & Nitsch	Morel & Wetmore
Myo-inositol	100	100
Thiamine-HCl	0,5	1
Acide nicotinique	5	1
Pyridoxine-HCl	0,5	1
Biotine	0,05	-
Acide Folique	0,5	0,5
Ascorbate de Na	-	100
Hydrolysat de caséine	-	500

Composition de la solution minérale de fer chelaté (FeEDTA: 5 ml/l de milieu) utilisée (g/l)

FeSO4: 5,57
EDTA: 7,45

ANNEXE 2

PROTOCOLE DE MICROSCOPIE PHOTONIQUE

1. FIXATION

FIXATEUR: Fixation 24 à 48 heures à température ambiante

GLUTARALDEHYDE-PARAFORMALDEHYDE-CAFEINE

* Tampon phosphate ou cacodylate de Na 0,2 M pH neutre	50 ml
* Paraformaldéhyde à 10 %	20 ml
* Glutaraldéhyde (solution à 25 %)	4 ml
* Caféine	1 g
* Eau distillée	26 ml

- Tampon Phosphate pH 7,2 0,2 M

Solution A:

NaH_2PO_4 anhydre	2,4 g
H_2O distillée	100 ml

Solution B:

$Na_2HPO_4, 12H_2O$	7,16 g
H_2O distillée	100 ml

Solution tampon:

Sol. A	28 ml
Sol. B	72 ml

- Paraformaldéhyde à 10 %

Mettre 2 g de paraformaldéhyde dans 20 ml d'eau bi-distillée. Agiter, chauffer à 60-65°C sous la hotte jusqu'à ce que la poudre se dissolve. Ajouter quelques gouttes de soude N jusqu'à obtenir la limpidité et laisser refroidir.

2. DESHYDRATATION

ETHANOL à 30°......30 minutes
50°.....45 '
70°.....45 '
80°.....60 '
90°.....60 '
95°.....60 '
100° x 2.....60 '

Remarque 1: Conservation des échantillons plusieurs mois dans Ethanol 70° au frigo.

Remarque 2: Lorsque les échantillons sont récalitrants, c'est-à-dire ne coulent pas après 48 heures dans le fixateur (gros échantillons, épidermisés, poreux...), un vide de 5 à 10 minutes est quelquefois nécessaire. Afin de ramolir ces tissus, on pratique 3 bains de Butanol:

        1er bain Butanol   24 heures
        2ème bain Butanol   24 heures
        3ème bain Butanol   24 heures
        48 heures 1/2 imprégnation + 1/2 Butanol

3. IMPREGNATION: 24 heures à 4°C

Kit d'imprégnation Kulzer 7100.

4. INCLUSION: Polymérisation en 24 heures à température ambiante

15 ml d'imprégnation + 1 ml de durcisseur

5. COLORATION Acide Périodique-Schiff + Naphtol Blue Black:

        - Acide Périodique   5 mn
        - Lavage à l'eau pH< 4,5
        - Réactif de Schiff à l'obscurité   20 mn
        - Lavage à l'eau pH< 4,5
        - Naphtol Blue Black à 60°C   5 mn
        - Lavage rapide

- <u>Acide Périodique</u>: à 1%

A préparer de façon extemporanée - S'utilise à température ambiante.

- <u>Naphtol Blue Black</u>:

100 ml d'acide acétique à 7% (7 ml d'acide acétique glacial + 93 ml H_2O) + 1 g de Naphtol Blue Black.
Chauffer préalablement l'acide acétique à 60°C. Ajouter le Naphtol Blue Black (laisser en agitation).

- <u>Réactif de Schiff</u>: à l'acide chlorhydrique

       * 1 g de Fuchsine basique dans 200 ml d'eau bouillante. Laisser refroidir
       * A 30°C, ajouter 2 g de métabisulfite de Na anhydre et 20 ml d'HCl 1 N
       * Laisser reposer 24 heures dans un flacon hermétique et à l'obscurité
       * Ajouter 0,5 g de chabon actif - Agiter
       * Filtrer rapidement.

ANNEXE 3

CYTOFLUORIMETRE

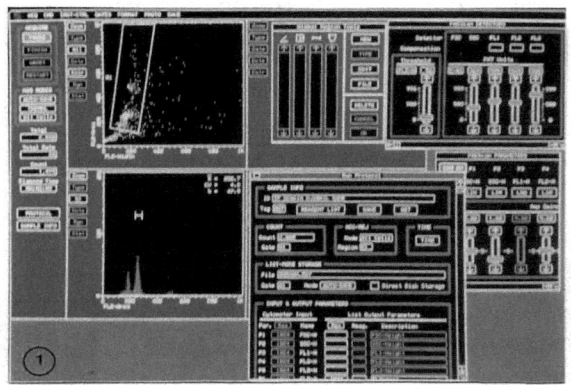

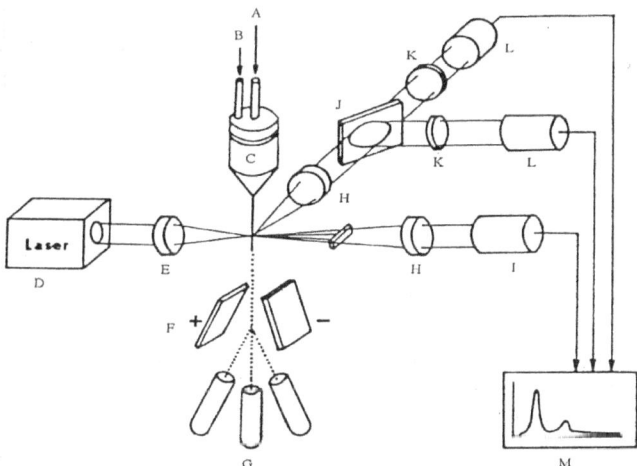

Figure 6 : (6.1), le cytomètre et son environnement ; (6.2), principe de la cytofluorimétrie (schéma d'un cytomètre en flux montrant la voie de sortie des cellules, un détecteur de lumière et deux détecteurs de fluorescence).

Légende : (A) : suspension cellulaire ; (B) : manchon contenant le fluide ; (C) : chambre d'écoulement ; (D) : source du rayon laser ; (E) : lentille convergente ; (F) : plaques de déviation ; (G) : collecteurs de cellules ; (H) : lentille divergente ; (I) : détecteur de lumière ; (J) : miroir dichroïque ; (K) : filtre ; (L) : détecteur de fluorescence ; (M) : module électronique (microprocesseur).

ANNEXE 4

COMPOSITION DU TAMPON D'EXTRACTION ET DE PREPARATION DES NOYAUX : (Tampon lysant de Galbraith *et al.* (1983) adapté par Dolezel e*t al.* (1989))

* 15 mM de tris
* 2 mM de Na2EDTA
* 0,5 mM de spermidine
* 80 mM de KCl
* 20 mM de NaCl
* 15 mM de ß-Mercaptoéthanol (ajouté au moment de la lacération)
* 0,5% de Triton X-100 (au lieu de 0,1%)
* pH = 9 (au lieu de 7,5)

- Filtration de la solution à travers de la toile à bluter 50 µm
- Ajout de la RNase 50 mg/l

Le filtrat recueilli est conservé à 0°C à l'obscurité jusqu'à la réalisation des mesures.

Remarque: Si un échantillon ne donne pas de pic (mais uniquement des débris), le fait de le refiltrer à travers de la toile à bluter 50 µm peut améliorer la mesure.

ANNEXE 5

```
                                       Y
T.aestivum      MEHGQATIRVDEYGNPVAGHGVGTGMGAHGGSGTG----------AATGG---HFQPTR
H.vulgare       MEHGHATNRVDEYGNPVAGHGVGTGMGAHGGVGTG----------AAAGG---HFQPTR
E.guineesis     --MADPIRRTDEYGNPIPEHQGHGGAVTGGTYGTT---TTPHEGVLHGEGGRQQQVHPGK
P.dactylifera   ---------DEYGNPIPEHQGYGGAGTGGTYGTTGTTTTPHGVVHGQGGGQQQQVHLGK
                                    S                      K1
T.aestivum      EEHKAGGILQRSGSSSSSSSEDDGMGGRRKKGIKDKIKEKLPGGHGDQQHADGTYGQQ-G
H.vulgare       EEHKAGGILQRSGSSSSSSSEDDGMGGRRKKGLKDKIKEKLPGGHGDQQQTGGTYGQHGH
E.guineesis     EEHPGGRHHRSGSSSSSSSSEDDGQGGRRKKGLKEKIKEKLPGGGHKSE-----------
P.dactylifera   EEPHGGRHHRSGSSSSSSSSEDDGHGGRRKKGLKEKIKEKMPGGGHKEE-----------
                                                       K2
T.aestivum      TGMAGTGAHGSAATGGTYGQPGHTGMTGTGTHVTDGAGEKKGIMDKIKEKLPGQH
H.vulgare       TGMTGTGEHGATATGGTYGQQGHTGMTGTGAHGTDGTGEKKGIMDKIKEKLPGQH
E.guineesis     -------EHGQTDEG-------------------QHEKKGMMEKIKEKLPGHH
P.dactylifera   -------EHGQTAEG-------------------QHEKKGMMEK--------
```

Figure 42 : Comparaison des séquences en acides aminés déduites de déhydrines de *Phoenix dactylifera PdDEHYD15,* d'*Elaeis guineensis EgDehyd1* (AF236067), de *Triticum aestivum WZY1-1* (AF453444), d'*Hordeum vulgare dhn17* (X15286).

L'alignement des séquences a été réalisé avec le logiciel Clustal W (1.83). Les acides aminés identiques sont marqués en gris. Les motifs Y, S K1 et K2, communs aux dehydrines sont surlignés.

ANNEXE 6

« Small hydrophilic plant seed proteins signature»

```
H.vulgare      MASGQQERSQLDRKAREGETVVPGGTGGKSLEAQQNLAEGRSRGGQTRREQMGQEGYSEM
S.cereale      MASGQQERSQLDRKAREGETVVPGGTGGTNLQAQENLAEGRSRGGQTRREQMGEEGYSEM
E.guineesis    -MATRQERAELDAKARQGETVVPGGTGGHSLEAQEHLAEGRSRGGQTRREQLGTEGYQEM
P.dactylifera  ---------ELDAKARQGETVVTGGTGGLSLEAQEHLAEGRSRGGQIRRDQLGTEGYQEM


H.vulgare      GRKGGLSSNDESGGERAAREGIDIDESKFKTKS
S.cereale      GRKGGLSTMDESGGERAAREGIDIDESKFKTKS
E.guineensis   GRKGGLSTTDESGGERAAREGIQIDESKFRT--
P.dactylifera  GRKGGLSTMEESGGERAAREGINVDESKFRT--
```

Figure 43 : Comparaison des séquences en acides aminés déduites des gènes *EM* de *Phoenix dactylifera PdEM*1, d'*Elaeis guineensis EgEMZ08*, d'*Hordeum vulgare* LEA B19-1 (X62804) et de *Secale cereale* Early-methionine-labelled polypeptide, (CAB88087).

L'alignement a été réalisé avec le logiciel Clustal W (1.83). Le domaine « Small hydrophilic plant seed proteins signature » caractéristique des protéines Em est surligné.

ANNEXE 7

```
PDGLO-12    ------------------------------------------------------------
EgGLO7A     MTIKPRAFVPFLL--LLSILFVSATLTFS--ATTEDPKQRLERCKQECRESRQGERQERR  56
GhVicilin   MVRNKSVFVVLLFSLFLSFGLLCSAKDFPGRRSEDDPQQRYEDCRKRCQLETRGQTEQDK  60

PDGLO-12    ------------------------------------------------------------
EgGLO7A     CVSQCEERYERERR----------------EQEERKG---------QGEERGRREEPEK   90
GhVicilin   CEDRSETQLKEEQQRDGEDPQRRYQDCRQHCQQEERRLPHCEQSCREQYEKQQQQQPDK  120

PDGLO-12    ------------------------------------------------------------
EgGLO7A     RLEECRRECREQAERRERRE-CEKRCEEEYK------EHRGRSKDKEEGEEGRGEKRRES 143
GhVicilin   QFKECQQRCQWQEQRPERKQQCVKECREQYQEDPWKGERENKWREEEEESDEGEQQQRN  180

PDGLO-12    ---------------------------------------RVAILETNPNTFVLPSHW--  18
EgGLO7A     DPYFFDEESFLHRVRTEHGHVRVLRNFLEKSKLLLGVANYRVAILETNPNTFVLPSHWDA 203
GhVicilin   NPYYFHRRSFQERFREEHGNFRVLQRFADKHHLLRGINEFRIAILEANPNTFVLPHHCDA 240
                     *:****:******** *

PDGLO-12    ------------------------------------------------------------
EgGLO7A     EALLFVARGHGHITLQCQDNKATHELRRGDIMRVRAGTIVSFANRGVGNEKLVIVILLHP 263
GhVicilin   EKIYVVTNGRGTVTFVTHENKESYNVVPGVVVRIPAGSTVYLANQD-NREKLTIAVLHRP 299

PDGLO-12    ------------------------------------------------------------
EgGLO7A     VATPGMFEAFVGAGGQNPESFYRSFSKRVLSAAFNTREDKLERL-------FQKQNKGAI 316
GhVicilin   VNNPGQFQKFFPAGQENPQSYLRIFSREILEAVFNTRSEQLDELPGGRQSHRRQQGQGMF 359

PDGLO-12    ------------------------------------------------------------
EgGLO7A     IQASQEQIKEMSRGSEGRSWPFGESRRPFNLFHKRPAHSNRHGELREADSDDYPE-LRDL 375
GhVicilin   RKASQEQIRALSQGATSPRGK-GSEGYAFNLLSQTPRYSNQNGRFYEACPRNFQQQLREV 418

PDGLO-12    ------------------------------------------------------------
EgGLO7A     NIHVSYANISKGSMIAPNYNTEATKISVVVGGNGDVQIVCPHISRQQEEGRRGREEEEGR 435
GhVicilin   DSSVVAFEINKGSIFVPHYNSKATFVVLVTEGNGHVEMVCPHLSRQSSDWSSREEEEQ-- 476

PDGLO-12    ------------------------------------------------------------
EgGLO7A     GRQEGREEEEEEQQQRGQHYRRVESKVSCGTTFIVPAGHPSVSVSSRNENLEVLCF-EI  494
GhVicilin   --------EEQEVERRSGQYKRVRAQLSTGNLFVVPAGHPVTFVASQNEDLGLLGFGLY  527

PDGLO-12    ------------------------------------------------------------
EgGLO7A     NAKNNQRTWLAGRNNVLKQMDRVTKELAFDLPEREVDEVLNAPREEVFMAGPEERGRERE 554
GhVicilin   NGQDNKRIFVAGKTNNVRQWDRQAKELAFGVESRLVDEVFNNNPQESYFVSGRDRRGFDE 587

PDGLO-12    --EGRDGPLESILEFGGF-  34
EgGLO7A     RGEGRDGPLESILEFAGF- 572
GhVicilin   R-RGSNNPLSPFLDFARLF 605
             .* :.**..:*:*.  :
```

Figure 44 : Comparaison des séquences en acides aminés déduites des gènes de globuline de *Phoenix dactylifera* PdGLO12, d'*Elaeis guineensis* EgGLO7A et de *Gossypium hirsutum* GhVicilin.

L'alignement a été réalisé avec le logiciel Clustal W (1.83). Le domaine « Cupin 1» caractéristique des protéines de réserve 11S (type légumine) et 7S (type viciline) est surligné.

ANNEXE 8

```
EgGOLS1     ------------------------------------------------------------
PdGOLS2     ------------------------------------------------------------
GolS1 Zm    MSPELTGKMAAKAAAAAAAVKPATRAYVTFLAGNGDYWKGVVGLAKGLRKVGSAYPLVVA
GOLS1 Le    -----MAPEFESGTKMATTIQKSSCAYVTFLAGNGDYVKGVVGLAKGLIKAKSMYPLVVA


EgGOLS1     ------------------------------------------------------------
PdGOLS2     ------------------------------------------------------------
GolS1 Zm    LLPDVPESHRRILVSQGCILREIEPVY-PPENQTQFAMAYYVINYSKLRIWEFVEYEKMV
GOLS1 Le    ILPDVPEEHRMILTRHGCIVKEIEPLAPSLQSLDKYARSYYVLNYSKLRIWEFVEYSKMV


EgGOLS1     ----------------------AVMDCFCEKTWSHTPQYQIGYCQQCPDKVSWPEDKL
PdGOLS2     ----------------------AVMDCFCEKTWSHTPQYQIGYCQQCPDKVSWPEDKL
GolS1 Zm    YLDADIQVFENIDELFELEKGYFYAVMDCFCEKTWSHTPQYKIGYCQQCPDKVTWPTTEL
GOLS1 Le    YLDGDMQVFENIDHLFELPDKYLYAVADCICDMYG-----------EPCDEVLPWP-KEL

EgGOLS1     GPPPALYFNAGMFVHEPSLATAESLLKTVKSTPPTPFAEQDFLNMFFKDIYKPIPGVYNQ
PdGOLS2     GPPPALYFNAGMFVHEPSLATAESLLKTLKSTTPTSFAEQDFLNMFFKDIYKPIAGVYNL
GolS1 Zm    GPPPPLYFNAGMFAHEPSMATAKALLDTLRVTPPTPFAEQDFLNMFFRDQYRPIPNVYNL
GOLS1 Le    GPRPSVYFNAGMFVFQPNPSVYVRLLNTLKVTPPTQFAEQDFLNMYFKDVYKPIPYTYNM

EgGOLS1     VLAMLWRHPENVELEKVKVVHYCAA-----------------------------------
PdGOLS2     VLAMLWRHPENVELEKLKVVHYCAA-----------------------------------
GolS1 Zm    VLPMLWRHPENVQLEKVKVVHYCAAGSKPWRFTGKEANMDREDIKSLVNKWWDIYNDESL
GOLS1 Le    LLAMLWRHPEKIEVNKAKAVHYCSPGAKPWKYTGKEEHMDREDIKMLVKKWWDIYNDTTL

EgGOLS1     ------------------------------------------
PdGOLS2     ------------------------------------------
GolS1 Zm    DFKGLPLSPADADADDEVEAVAKKPLRAALAEAGTVKYVTAPSAA
GOLS1 Le    DHKAQGSTVEANRLRGAAFSDTNISALYITSPSAA---------
```

Figure 45 : Comparaison des séquences en acides aminés déduites des gènes de galactinol synthase de *Phoenix dactylifera PdGOLS1*, d'*Elaeis guineensis EgGOLS1*, de *Zea mays ZmGOLS1* et de *Lycopersicon esculentum LeGOLS1*.

L'alignement a été réalisé avec le logiciel Clustal W (1.83). Le domaine «glycosyl transferase» caractéristique de la famille des gènes de galactinol synthase est surligné.

ANNEXE 9

```
PdCPRS1-10   ------------------------------------------------------------
EgCPRS1-5    MA-RFLAFLALVFLSSAILARAN--HAFDEANLIQSVTERIDS-LETSLLGVLGQTRNAL  56
ZmCPR        MAPRRLLVLAVVALA-ATAAAAN--SGFADSNPIRPVTDRAASALESTVFAALGRTRDAL  57
NbCPR        MS-RFSLLLALVVAGGLFAAALAGPATFADENPIRQIVSDGLHELENGILQVVGKTRHAL  59


PdCPRS1-10   ------------------------------------------------------------
EgCPRS1-5    HFARFAHRYGKRYQSVEEMKLRFAIFMENLELIRSTNRRGLPYKLGINRYADMSWEEFRA  116
ZmCPR        RFARFAVRYGKSYESAAEVHKRFRIFSESLQLVRSTNRKGLSYRLGINRFADMSWEEFRA  117
NbCPR        LFARFAHRYGKRYETVEEIKQRFEVFLDNLKMIRSHNKKGLSYKLGVNEFTDITWDEFRR  119


PdCPRS1-10   ------------------------------------------------------------
EgCPRS1-5    SRLGAAQNCSATLKGNHKM--TDELLPKTKDWREDGIVSPVKDQGSCGSCWTFSTTGALE  174
ZmCPR        TRLGAAQNCSATLTGNHRMRAAAVALPETKDWREDGIVSPVKNQGHCGSCWTFSTTGALE  177
NbCPR        DRLGAAQNCSATTKGNLKL--TNVVLPETKDWREAGIVSPVKNQGKCGSCWTFSTTGALE  177


PdCPRS1-10   ------------------------------------------------------------
EgCPRS1-5    AAYTQATGKGISLSEQQLVDCAYAFNNFGCNGGLPSQAFEYIKYNGGLDTEESYPYAGVN  234
ZmCPR        AAYTQATGKPISLSEQQLVDCGLAFNNFGCNGGLPSQAFEYIKYNGGLDTEESYPYQGVN  237
NbCPR        AAYGQAFGKGISLSEQQLVDCAGAFNNFGCNGGLPSQAFEYIKSNGGLDTEEAYPYTGKN  237


PdCPRS1-10   --------------------------------------------VVSGFRFYKGGVYTSDT  17
EgCPRS1-5    GFCHFKPENVGVKVVESVNITLGAEDELLHAVGLVRPVSIAFEVVSGFRFYKGGVYTSDT  294
ZmCPR        GISKFKNENVGVKVLDSVNITLGAEDELKDAVGLVRPVSVAFEVITGFRLYKSGVYTSDH  297
NbCPR        GLCKFSSENVGVKVIDSVNITLGAEDELKYAVALVRPVSIAFEVIKGFKQYKSGVYTSTE  297
                                                         *:.**: **.*****

PdCPRS1-10   CGRTQMDVNHAVLAVGYGVENGVPYWLIKNSWGEDWGVDGYFKMELGKNMCGIATCASYP  77
EgCPRS1-5    CGRTQMDVNHAVLAVGYGVENGVPYWLIKNSWGEEWGVDGYFKMELGKNMCGIATCASYP  354
ZmCPR        CGTTPMDVNHAVLAVGYGVEDGVPYWLIKNSWGADWGDEGYFKMEMGKNMCGVATCASYP  357
NbCPR        CGNTPMDVNHAVLAVGYGVENGVPYWLIKNSWGADWGDNGYFKMEMGKNMCGIATCASYP  357
             ** * **************:************.;**.;******;******.*******

PdCPRS1-10   IVAA  81
EgCPRS1-5    IVAA  358
ZmCPR        IVA-  360
NbCPR        VVA-  360
             :**
```

Figure 46 : Comparaison des séquences en acides aminés déduites des gènes de cystéines protéinases de *Phoenix dactylifera PdCPRS1-10*, d'*Elaeis guineensis EgCPRS1-5*, de *Zea mays ZmCPR* et de *Nicotiana benthamiana NbCPR*..
L'alignement a été réalisé avec le logiciel Clustal W (1.83). Le domaine «Peptidase C1» caractéristique de la famille des papaïnes est surligné.

LISTE DES FIGURES

Figure 1 : Représentation schématique du palmier dattier **(a)** et de sa palme **(b)** (d'après Peyron, 1994).. 13

Figure 2 : Inflorescences du palmier dattier (d'après Munier, 1973)............ 13

Figure 3 : Fruit et graine du palmier dattier (d'après Munier, 1973).................. 13

Figure 4 : Répartition géographique mondiale du palmier dattier (d'après Branton et Blake, 1989).. 15

Figure 5 : Les différents types d'explants utilisés.. 53

Figure 6 : Le cytomètre et son environnement et principe de la cytofluorimétrie.. 190

Figure 7 : Callogenèse primaire et secondaire chez le palmier dattier................. 64

Figure 8 : Origine et description histocytologique des cals primaires et Secondaires.. 66

Figure 9 : Aptitude de callogenèse comparée d'explants foliaires et d'apex des cultivars Ahmar, Amsekhsi, Tijib et Amaside après 60 jours de culture sur les milieux d'induction.. 68

Figure 10 : Aptitude comparée de production de cals microgranulaires à partir d'explants foliaires et d'apex chez les cultivars Ahmar, Amsekhsi, Tijib et Amaside après 60 jours de culture sur les milieux d'induction de la callogenèse.. 68

Figure 11 : Formation de racines sur les explants foliaires cultivés pendant 4 semaines en présence de 4 mg.L^{-1} d'ANA.. 70

Figure 12 : Influence de la balance hormonale exogène sur la fréquence de callogenèse après 60 jours de culture sur les milieux d'induction.................. 70

Figure 13 : Effet de l'interaction explants primaires x balance hormonale sur la callogenèse chez les cultivars Ahmar et Amsekhsi après 60 jours de culture sur les milieux d'induction.. 72

Figure 14 : Multiplication des suspensions cellulaires de palmier dattier en milieu liquide.. 80

Figure 15 : Évolution des cellules embryogènes et formation de proembryons globulaires en milieu liquide……………...…………………………………………… 80

Figure 16 : Aptitude comparée à la prolifération cellulaire chez les clones A57 et A72 du cultivar Ahmar pendant 4 subcultures sur les milieux de multiplication des suspensions enrichis en 2,4-D……………...…………………….. 82

Figure 17 : Effet de l'interaction clone x milieu sur la prolifération des suspensions chez le cultivar Ahmar après 4 subcultures sur les milieux de multiplication enrichis en 2,4-D……………...……………………………………... 82

Figure 18 : Influence de la balance hormonale exogène sur la croissance des suspensions cellulaires chez le cultivar Ahmar pendant 4 subcultures dans les milieux multiplication……………...……………………………………………. 82

Figure 19 (a et b) : Effet de 4 balances hormonales (en mg.L^{-1}) sur l'évolution de la vitesse de croissance des suspensions cellulaires chez les clones A72 (Figure 13 a) et A57 (Figure 13 b) du cultivar Ahmar après un mois de culture sur le milieu M52…………...…………………………………. 86

Figure 20 (a et b) : Effet de 4 balances hormonales (en mg.L^{-1}) sur la croissance des suspensions cellulaires chez les clones A72 (Figure 14 a) et A57 (Figure 14 b) après un cycle de culture d'un mois sur le milieu M52…… 86

Figure 21 : Développement des proembryons en embryons somatiques de stade I après deux semaines de culture sur milieu dépourvu de régulateurs de croissance exogènes……………...……………………………………………… 90

Figure 22 : Développement des embryons somatiques de palmier dattier après 4 semaines de culture sur milieu dépourvu de régulateurs de croissance……………………………………………………,,,,,,,,,,,,,,,,,,,,…………………90

Figure 23 : Coupes histologiques de l'embryon somatique de stade II et de l'embryon zygotique après 1 jour d'imbition montrant le détail des méristèmes caulinaires……………...……………………………………………. 92

Figure 24 : Embryons somatiques de stade III obtenus après 6 semaines de culture sur milieu sans hormone……………...……………………………… 92

Figure 25 : Germination de l'embryon somatique de palmier dattier………….. 92

Figure 26 : Les différents stades de développement des embryons somatiques... 92

Figure 27 : Influence des conditions minérales des milieux MS et M52 sur l'évolution du poids frais au cours de la différenciation des embryons somatiques pendant 5 semaines de culture... 95

Figure 28 : Croissance du poids frais (en g) des embryons somatiques après 2 semaines de culture (5ème et 6ème semaine) sur les milieux MS et M52 enrichis en saccharose et en ABA... 98

Figure 29 : Effet d'un traitement de 2 semaines (5ème et 6ème semaine) au saccharose et à l'ABA sur la production d'embryons somatiques individualisés à partir des suspensions cellulaires chez le cultivar Ahmar...... 98

Figure 30 : Comparaison histocytologique entre l'embryon somatique et l'embryon zygotique... 106

Figure 31 : Production des racines chez les vitroplants de palmier dattier en l'absence ou en présence d'ANA après 6 semaines de culture sur les milieux MS et M52.. 108

Figure 32 : Allongement de la racine pivotante (en cm) en l'absence ou en présence d'ANA chez les vitroplants de palmier dattier après 6 semaines de culture sur les milieux MS et M52.. 108

Figure 33 : Vitroplants enracinés 14 mois après la mise en culture de l'explant primaire.. 108

Figure 34 : Effet de l'interaction milieu de base x auxine sur l'allongement de la tige des vitroplants de palmier dattier cultivé pendant 6 semaines sur les milieux MS et M52 enrichis ou non de 1 mg.L^{-1} d'ANA.................... 108

Figure 35 : Production de vitroplants de palmier dattier à partir d'une masse initiale de 40 mg de suspensions cellulaires... 110

Figure 36 : Position du pic 2C de l'ADN nucléaire des feuilles de jeunes plants de riz de la variété référence Nipponbar et de feuilles de semis (témoins) et des clones A57 et A72 de palmier dattier régénérés à partir des suspensions cellulaires.. 113

Figure 37 : Embryons zygotiques de palmier dattier à différents stades de développement..118

Figure 38 : Evolution du poids de matière fraîche des embryons zygotiques de palmier dattier au cours de la maturation *in vivo* et de la germination *in vitro*..120

Figure 39 : Séparation des sucres solubles chez les embryons zygotiques matures de palmier dattier par chromatographie en phase liquide à hautes performances (HPLC)...120

Figure 40 : Evolution de la teneur en sucres totaux dans les embryons somatiques cultivés pendant 5 semaines sur des milieux enrichis de 30, 60, 90, 120 et 240 g.L^{-1} de saccharose... 124

Figure 41 : Séparation par chromatographie en phase liquide à haute performance (HPLC) des sucres solubles chez les embryons somatiques de palmier dattier après 5 semaines de culture sur milieu enrichi de 120 g.L^{-1} de saccharose...127

Figure 42 : Comparaison des séquences en acides aminés déduites de dehydrin de *Phoenix dactylifera PdDEHYD15,* d'*Elaeis guineensis EgDehyd1* (AF236067), de *Triticum aestivum WZY1-1* (AF453444), d'*Hordeum vulgare dhn17* (X15286).. 192

Figure 43 : Comparaison des séquences en acides aminés déduites des gènes *EM* de *Phoenix dactylifera PdEM1*, d'*Elaeis guineensis EgEMZ08*, d'*Hordeum vulgare* LEA B19-1 (X62804) et de *Secale cereale* Early-methionine-labelled polypeptide, (CAB88087).................................. 193

Figure 44 : Comparaison des séquences en acides aminés déduites des gènes de globuline de *Phoenix dactylifera PdGLO12*, d'*Elaeis guineensis EgGLO7A* et de *Gossypium hirsutum GhVicilin*...................................... 194

Figure 45 : Comparaison des séquences en acides aminés déduites des gènes de galactinol synthase de *Phoenix dactylifera PdGOLS1*, d'*Elaeis guineensis EgGOLS1*, de *Zea mays ZmGOLS1* et de *Lycopersicon esculentum LeGOLS1*... 195

Figure 46 : Comparaison des séquences en acides aminés déduites des gènes de cystéines protéinases de *Phoenix dactylifera* PdCPRS1-10, d'*Elaeis guineensis* EgCPRS1-5, de *Zea mays* ZmCPR et de *Nicotiana benthamiana* NbCPR……….. 196

Figure 47 : Etude par RT-PCR de l'évolution de l'expression des gènes *PdDEHYD15* et *PdEM1* au cours de la maturation *in planta* et de la germination *in vitro* des embryons zygotiques de palmier dattier…………........ 136

Figure 48 : Etude par RT-PCR de l'évolution de l'expression des gènes *PdDehyd15* et *PdEm1* au cours de la maturation *in planta* et de la germination *in vitro* des embryons zygotiques de palmier dattier…………........ 136

Figure 49 : Etude par RT-PCR de l'évolution de l'expression du gène *PdGOLS1* et au cours de la maturation *in planta* et de la germination *in vitro* des embryons zygotiques de palmier dattier…………......…………… 139

Figure 50 : Etude par RT-PCR de l'expression des gènes *PdDEHYD15* et *PdEM1* chez les embryons somatiques de palmier dattier après 5 semaines de développement sur des milieux enrichis de 30, 60, 90 et 120 g.L^{-1} de saccharose ou de 0,1, 1 et 10 µM d'ABA…………….....………… 139

Figure 51 : Etude par RT-PCR de l'expression des gènes *PdGLO12* et *PdCPRS1* chez les embryons somatiques de palmier dattier après 5 semaines de développement sur des milieux enrichis de 30, 60, 90 et 120 g.L^{-1} de saccharose ou de 0,1, 1 et 10 µM d'ABA…………......………. 140

Figure 52 : Etude par RT-PCR de l'expression du gène PdGOLS1 chez les embryons somatiques de palmier dattier après 5 semaines de développement sur des milieux enrichis de 30, 60, 90 et 120 g.L^{-1} de saccharose ou de 0,1, 1 et 10 µM d'ABA…………….....……………………………….140

LISTE DES TABLEAUX

Tableau 1 : Séquences des amorces utilisées pour les PCR................................ 59

Tableau 2 : Influence du type d'explant sur la fréquence de la callogenèse primaire après 8 semaines de culture sur les milieux d'induction de base MS enrichis de 2,4-D et d'ANA combinés à la BAP ou à l'adénine........................ 67

Tableau 3 : Influence de la balance hormonale sur la croissance (en mg/jour) du poids frais des suspensions cellulaires chez les clones A57 et A72 cultivés sur le milieu M52 de multiplication pendant 30 jours......................... 84

Tableau 4 : Evolution des embryons somatiques de palmier dattier pendant 6 semaines de culture sur les milieux de développement..................................... 94

Tableau 5 : Influence de la composition minérale des milieux MS et M52 sur la croissance cellulaire et le développement des embryons somatiques de palmier dattier après 6 semaines de culture.. 96

Tableau 6 : Influence de la BAP sur l'évolution de la masse de matière fraîche des suspensions cellulaires et le développement des embryons somatiques après 5 semaines de culture sur milieu MS sans hormone.............. 97

Tableau 7 : Germination des embryons somatiques de palmier dattier de stade III après 2 semaines de culture sur milieu de germination...................... 103

Tableau 8 : Influence des milieux de base sur la croissance et le Développement des vitroplants après 6 semaines de culture.............................. 104

Tableau 9 : Allongement de la pousse feuillée et de la racine pivotante (en mm) des plants issus de la germination des embryons somatiques et des embryons zygotiques de palmier dattier après 6 semaines de culture................. 105

Tableau 10 : Effet de l'ANA et du milieu de base sur l'enracinement des embryons somatiques de palmier dattier après 6 semaines de culture............ 109

Tableau 11 : Production et conversion d'embryons somatiques en vitroplants chez les cultivars Ahmar et Amsekhsi... 111

Tableau 12 : Quantification de l'ADN nucléaire à partir de cellules de tissus foliaires de semis et de clones produits à partir de suspensions cellulaires chez les cultivars Ahmar et Amsekhsi.. 112

Tableau 13 : Evolution de la teneur en eau au cours du développement des embryons zygotiques de palmier dattier... 121

Tableau 14 : Teneurs en glucose, fructose, saccharose, raffinose et stachyose en mg.g^{-1} MS chez les embryons zygotiques des graines sèches. 122

Tableau 15 : Evolution de la teneur en eau et de la masse de matière sèche chez les embryons somatiques de palmier dattier après 2 semaines de développement sur milieux enrichis en saccharose ou en ABA. 123

Tableau 16 : Teneurs en glucose, fructose, saccharose, raffinose et stachyose et rapport des teneurs en oligosaccharides à la teneur en saccharose des embryons somatiques après 2 semaines de culture sur milieux enrichis en saccharose... 126

Tableau 17 : Comparaison des phases tardives de l'embryogenèse zygotique et de l'embryogenèse somatique chez le palmier dattier............................ 150

LISTE DES ANNEXES

Annexe 1 : Composition des milieux de culture utilisés en mg/l..................... 187

Annexe 2 : Protocole de microscopie photonique.. 188

Annexe 3 : le cytomètre et son environnement et principe de la cytofluorimétrie... 190

Annexe 4 : Composition du tampon d'extraction et de préparation des noyaux interphasiques.. 191

Annexe 5 : Comparaison des séquences en acides aminés déduites de dehydrin de *Phoenix dactylifera PdDEHYD15*, d'*Elaeis guineensis EgDehyd1* (AF236067), de *Triticum aestivum WZY1-1* (AF453444), d'*Hordeum vulgare dhn17* (X15286)... 192

Annexe 6 : Comparaison des séquences en acides aminés déduites des gènes *EM* de *Phoenix dactylifera PdEM1*, d'*Elaeis guineensis EgEMZ08*, d'*Hordeum vulgare* LEA B19-1 (X62804) et de *Secale cereal* Early-methionine-labelled polypeptide, (CAB88087)............................... 193

Annexe 7 : Comparaison des séquences en acides aminés déduites des gènes de globuline de *Phoenix dactylifera PdGLO12*, d'*Elaeis guineensis EgGLO7A* et de *Gossypium hirsutum GhVicilin*.. 194

Annexe 8 : Comparaison des séquences en acides aminés déduites des gènes de galactinol synthase de *Phoenix dactylifera PdGOLS1*, d'*Elaeis guineensis EgGOLS1*, de *Zea mays ZmGOLS1* et de *Lycopersicon esculentum LeGOLS1*... 195

Annexe 9 : Comparaison des séquences en acides aminés déduites des gènes de cystéines protéinases de *Phoenix dactylifera PdCPRS1-10*, d'*Elaeis guineensis EgCPRS1-5*, de *Zea mays ZmCPR* et de *Nicotiana benthamiana NbCPR*.. 196

TABLE DES MATIERES

INDEX DES SIGLES ET ABREVIATIONS………….….…………………………………..	1
DEDICACE………..…………………………….……………………………………………	2
REMERCIEMENTS……………..…………………….………………………………………	3
INTRODUCTION GENERALE……………….….…………………………………………..	6
ANALYSE BIBLIOGRAPHIQUE………..……………………………………………….…..	10
1. Généralités sur le palmier dattier……………...……………………………………….……	10
2. Systématique……………...………………………………………………………………….	10
2.1. Le genre Phœnix……………..…….…………………………………………………..	10
2.2. Les différentes espèces du genre Phoenix…………..…..…………………………….	11
2.3. Les Phoenix L. hybrides…………….....………………………………………………	12
3. Morphologie du palmier dattier…………….…………………………………………….….	12
4. Origine, Répartition géographique et Conditions écologiques……………..….………….…	14
4.1. Origine………….....……………………………………………………………….….	14
4.2. Répartition géographique………………..………………………………………….....	16
4.3. Conditions écologiques…………..…………………………………………………..	17
5. Rôle socio-économique……………...….……………………………………………………	18
6. Les méthodes de propagation………………….…………………………………………….	19
6.1. La multiplication sexuée……………....…………………………………………...…..	19
6.2. La multiplication par rejets……………….……………………………………………	20
6.3. La propagation végétative *in vitro*………………...…………………………………	20
6.3.1. L'embryogenèse somatique…………..…………………………………………	21
6.3.1.1. Le concept d'embryogenèse somatique : définitions et notion de	
compétence cellulaire…………..…………………………………………..	21
6.3.1.2. Acquisition de la compétence à l'embryogenèse…………..……………..	23
6.3.1.3. Les différentes phases de l'embryogenèse somatique…………..………	24
6.3.1.4. Processus de l'embryogenèse somatique………………………………..	25
6.3.1.5. Données histocytologiques de l'embryogenèse somatique……………	27
6.4. Comparaison entre embryogenèse zygotique et embryogenèse somatique………	28
6.5. Facteurs clés du développement des embryons……………………..………………	30
6.5.1. Rôle des hormones au cours des étapes précoces de l'embryogenèse…….	31
6.5.2. Les facteurs intervenant dans la régulation des étapes tardives de	
l'embryogenèse…………………………………………………………….………	33
6.5.2.1. L'acide abscissique ……………….....………………………………..	33
6.5.2.2. La déshydratation……………………………….……………………..	35
6.5.2.3. La tolérance à la dessiccation……………….………………………….	36
6.5.2.4. L'accumulation des substances de réserve…………..………………	36
6.5.2.5. Mécanismes de tolérance à la déshydratation……………...………….37	
6.5.2.6. Les protéines LEA……………………………………………………..	38
6.5.2.7. Fonctions biologiques des protéines LEA………………..……………	39
6.5.2.8. Modes de régulation de l'expression des gènes LEA au cours du	
développement embryonnaire……………….…………………………..	40
6.5.2.9. Mise en évidence de l'expression des gènes LEA au cours de	
l'embryogenèse somatique……………………………………………..	42
7. Culture *in vitro* et conformité……………………………………………………………….	44
8. Intérêt des suspensions cellulaires pour la micropropagation par embryogenèse	
somatique…………………………………………………………………………………….	47
9. L'embryogenèse somatique chez le palmier dattier………………….…………………….	48
MATERIEL ET METHODES……………………….………………………………………..	52
1. Techniques de culture *in vitro*………………….………………………………………….	52
1.1 Matériel végétal et préparation des explants…………………..……………………….	52
1.2. Callogenèse primaire et secondaire……………….……………………………………	52

205

1.3. Prolifération des suspensions cellulaires 54
1.4. Mesure du poids de matière fraîche des suspensions cellulaires 54
1.5. Croissance et développement des embryons somatiques 55
1.6. Germination des embryons somatiques et enracinement des vitroplants 55
2. Analyse histologique 55
3. Etude cytogénétique 56
4. Etude des étapes tardives de l'embryogénèse somatique 57
    4.1. Dosage des sucres 57
    4.2. Etude de l'expression de gènes candidats au cours du développement des
        embryons zygotiques et somatiques de dattier 57
        4.2.1. Matériel végétal 58
        4.2.2. Identification des gènes candidats 58
        4.2.3. Analyse de l'expression des gènes par RT-PCR semi-quantitative 59
5. Traitement statistique et exploitation des données 59

RESULTATS ET DISCUSSION 61
PREMIERE PARTIE 61
Détermination des conditions de production des embryons somatiques 61

CHAPITRE 1 : Induction de la callogenèse et initiation de l'embryogénèse 62
1. Description des principales conditions d'obtention de la callogenèse 62
2. Description morphologique de la callogenèse primaire et secondaire 62
    2.1. Description de la callogenèse primaire 62
    2.2. Description de la callogenèse secondaire 63
3. Origine et description histocytologique des cals primaires et secondaires 63
4. Influence du type d'explant sur la fréquence de la callogenèse 65
5. Influence de la composante génétique sur l'apparition des cals primaires 67
6. Influence de la composition hormonale du milieu sur l'aptitude à la callogenèse des
    différents cultivars 69
    6.1. Influence du 2,4-D et de l'ANA utilisés seuls dans les milieux de callogenèse 69
    6.2. Influence du 2,4-D combiné à la BAP ou à l'adénine dans les milieux de
        callogenèse 71
7. Conclusion 73
8. Discussion 74

CHAPITRE 2 : Acquisition et maintien des potentialités embryogénétiques en milieu
        liquide 78
1. Présentation des principales conditions de prolifération des suspensions dans les
    milieux liquides 78
2. Description morphologique et histocytologique des agrégats cellulaires en conditions
    de prolifération dans les milieux liquides 79
3. Evaluation de la croissance des agrégats cellulaires dans les milieux liquides de
    prolifération 81
    3.1. Détermination du taux de croissance des agrégats cellulaires 84
    3.2. Evolution pondérale de la matière fraîche des agrégats cellulaires 85
4. Conclusion 87
5. Discussion 87

CHAPITRE 3 : Développement des embryons somatiques 89
1. Présentation des conditions de développement des embryons somatiques 89
2. Description morphologique et histocytologique du développement des embryons
    somatiques 91
3. Influence des milieux de culture sur le développement des embryons somatiques .. 93
    3.1. Influence du milieu de base sur la croissance cellulaire et le développement
        des embryons somatiques 94
    3.2. Influence de la composante hormonale sur la croissance cellulaire et le
        développement des embryons somatiques 96
        3.2.1. Influence de la BAP sur la croissance cellulaire et le développement des
            embryons somatiques 97

  3.2.2. Influence de l'ABA et du saccharose sur le développement des
    embryons somatiques... 99
4. Conclusion.. 99
5. Discussion... 100

CHAPITRE 4 : Germination des embryons somatiques et analyse de la conformité des
    vitroplants.. 102
1. Les conditions de la germination et du développement des embryons somatiques en
  vitroplants.. 103
  1.1. Influence du milieu de base sur le développement des vitroplants..................... 103
  1.2. Comparaison de la croissance in vitro des embryons somatiques et des
    embryons zygotiques.. 104
  1.3. Amélioration de la croissance des vitroplants et de la morphologie du
    système racinaire par apport d'ANA dans les milieux de culture...................... 107
  1.4. Données relatives aux performances du procédé de régénération mis en place... 109
2. Analyse cytofluorimétrique du niveau de ploïdie des vitroplants.................................... 111
3. Conclusion... 114
4. Discussion.. 115

DEUXIEME PARTIE.. 117
Etude des étapes tardives de l'embryogenèse somatique : amélioration de la qualité des
embryons somatiques... 117

CHAPITRE 1 : Effet d'un apport de saccharose et d'ABA dans le milieu de culture sur la
maturation des embryons somatiques.. 119
1. Développement des embryons zygotiques... 119
2. Analyse des sucres solubles dans les embryons zygotiques.. 121
3. Effet de l'apport en saccharose ou en ABA dans le milieu de culture sur la maturation
  des embryons somatiques.. 122
  3.1. Développement des embryons somatiques... 122
    3.1.1. Effet d'un apport en saccharose sur la maturation des embryons
      somatiques.. 122
    3.1.2. Effet d'un apport en ABA sur la maturation des embryons somatiques...... 123
4. Evolution des teneurs en sucres solubles associés au développement des embryons
  somatiques.. 125
5. Conclusion... 128
6. Discussion.. 128

CHAPITRE 2 : Effet d'un apport de saccharose et d'ABA dans le milieu de culture sur
    l'expression de gènes marqueurs de la maturation et de la germination des
    embryons... 133
1. Identification des gènes candidats chez le palmier dattier... 133
  1.1. Le gène DEHYD... 133
  1.2. Le gène EM.. 134
  1.3. Le gène GLO... 135
  1.4. Le gène GOLS.. 135
  1.5. Le gène CPRS... 137
2. Analyse de l'expression des gènes candidats... 137
  2.1. Expression des gènes candidats chez les embryons zygotiques......................... 137
    2.1.1. Expression des gènes LEA.. 137
    2.1.2. Expression des gènes PdGLO12, PdGOLS1 et PdCPRS1-10................. 138
  2.2. Expression des gènes candidats chez les embryons somatiques........................ 138
    2.2.1. Expression des gènes LEA.. 138
    2.2.2. Expression des gènes PdGLO12, PdGOLS1 et PdCPRS1-10................. 141
3. Conclusion... 143
4. Discussion.. 144

CONCLUSION GENERALE ET PERSPECTIVES... 153

RESUME.. 160

REFERENCES BIBLIOGRAPHIQUES……………...……………………………………….. 161
ANNEXE 1 ……………………………………………………………………………………. 187
ANNEXE 2 ……………………………………………………………………………………. 188
ANNEXE 3…………………………………………………………………………………….190
ANNEXE 4…………………………………………………………………………………….191
ANNEXE 5……………………………………………………………………………………. 192
ANNEXE 6…………………………………………………………………………………….193
ANNEXE 7…………………………………………………………………………………….194
ANNEXE 8……………………………………………………………………………………. 195
ANNEXE 9……………………………………………………………………………………. 196

LISTE DES FIGURES………………………………………………………………………….197
LISTE DES TABLEAUX………………………………………………………………………. 202
LISTE DES ANNEXES………………………………………………………………………. 204

Oui, je veux morebooks!

i want morebooks!

Buy your books fast and straightforward online - at one of world's fastest growing online book stores! Environmentally sound due to Print-on-Demand technologies.

Buy your books online at
www.get-morebooks.com

Achetez vos livres en ligne, vite et bien, sur l'une des librairies en ligne les plus performantes au monde!
En protégeant nos ressources et notre environnement grâce à l'impression à la demande.

La librairie en ligne pour acheter plus vite
www.morebooks.fr

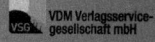

VDM Verlagsservicegesellschaft mbH
Heinrich-Böcking-Str. 6-8   Telefon: +49 681 3720 174   info@vdm-vsg.de
D - 66121 Saarbrücken   Telefax: +49 681 3720 1749   www.vdm-vsg.de

Printed by Books on Demand GmbH, Norderstedt / Germany